普通高等教育"十二五"规划教材

U0323759

电工电子实习教程

Course of Electrical and Electronic Practice

主 编　王湘江　唐如龙

副主编　张　迅　许　洋　张小志

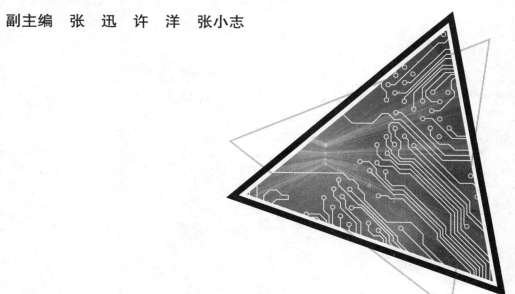

中南大学出版社
www.csupress.com.cn

电工电子
实习教程

Course of Electrical
and Electronic Practice

内容简介

　　本书根据普通高等学校本科教学计划中"电工电子实习"课程的教学大纲编写，旨在增强当代大学生的工程意识和工程素质。

　　本书内容将理论与实践融为一体，既注重基础知识的讲解，又注重实践技能的培养，具有新颖性和实用性等特点。全书共分 9 章，主要包括电力系统与安全用电、常用工具与仪器仪表、常用电子元器件、低压电器与异步电机、室内配线、焊接技术、印制电路板的制作、电子及电工技能实训等。涵盖了模拟电路、数字电路、电工基础等方面的知识。

　　本书可作为高等院校理工科大学生的电工电子实习教材，还可作为高职、高专学校的配套教材，也可用于课程设计、毕业设计的教学参考用书。

前言 PREFACE.

　　本书是根据教育部《关于加强高等学校本科教学工作提高教学质量的若干意见》及《关于加强高职高专教育人才培养工作的意见》文件精神和要求，以及普通高等学校本科教学计划中"电工电子实习"课程的教学大纲而编写的，以培养技能型人才为主要目标，增强实践教学环节，提高学生工程应用能力。

　　本书内容具有以下特点：

　　(1)丰富实用。包括电力系统与安全用电、常用工具与仪器仪表、常用电子元器件与低压电器、室内配线、焊接技术、印制电路板的制作、电子及电工技能实训等。

　　(2)内容新颖。教材基于改革基础之上，充分体现当代电工电子技术发展出现的新知识、新方法、新技术、新工艺。如教材中涉及的印制电路板制作、表面安装元件的装配方法等。

　　(3)实践性强。本教材是多年来电工电子实践教学中的经验总结，具有较强的针对性和教学的可操作性。所涉及的实训内容，可以充分锻炼学生的动手能力，加强学生 EDA 方面的训练。

　　(4)叙述精简，由浅入深。根据学生的认知规律，从电工基础知识及电子工艺基础知识的介绍，到电工及电子线路的安装与调试，循序渐进。

　　本书可作为高等院校理工科大学生的电工电子实习教材，还可作为高职、高专学校的配套教材，也可用于课程设计、毕业设计的教学参考用书。

　　本书由南华大学工程训练中心组织编写，王湘江、唐如龙任主编，张迅、许洋、张小志任副主编。唐中文、古江汉、李全、段丽娟等老师参加了编写工作和电路调试工作。在教材的编写过程中，南华大学电气工程学院电子信息工程系、电气工程及自动化系、通信工程系、电工电子基础部、电工电子实验中心等的老师们为本书的编写提出了许多宝贵意见，在此表示感谢。

　　因作者的水平所限，书中错漏和不足之处在所难免，恳请广大读者批评指正。

王湘江

2014 年 7 月于南华大学

CONTENTS. 目录

第1章
电力系统与安全用电

在当代社会中，国民经济和人民生活都离不开电。它的广泛应用有力地推动了人类社会的发展，给人类创造了巨大的财富，改善了人类的生活。与此同时，电又给人们的生产和生活构成威胁。例如，触电造成的人身伤亡，设备漏电酿成的火灾、爆炸。因此在用电过程中必须牢固树立"安全第一"的宗旨，严格按照操作规程用电，避免用电事故的发生。

1.1　电力系统

1.1.1　发电

发电是指利用发电动力装置将水能、石化燃料(煤、油、天然气)的热能、核能以及太阳能、风能、地热能、海洋能等转换为电能的生产过程。用以供应国民经济各部门与人民生活之需。发电在电力工业中处于中心地位，决定着电力工业的规模，也影响到电力系统中输电、变电、配电等各个环节的发展。目前，我国发电厂主要的发电形式是水力发电、火力发电和核能发电。其他能源发电形式虽然有多种，但规模都不大。

1.1.2　输电

输电是将电能输送到用电地区或直接输送到大型用电户，是联系发电厂和用户的中间环节，它和变电、配电、用电一起，构成电力系统的整体功能，如图1-1所示。

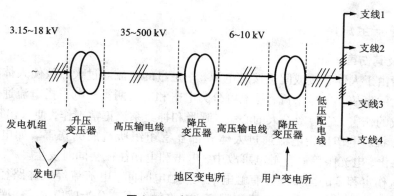

图1-1　电力系统示意图

在输电时，一般先将发电机组发出的电压经升压变压器升压后，再通过输电线路输送。输电线路按结构形式可分为架空输电线路和地下输电线路。输电线路在综合考虑技术、经济等各项因素后所确定的最大输送功率，称为该线路的输送容量。输送容量大体与输电电压的平方成正比。因此，提高输电电压是实现大容量或远距离输电的主要技术手段，也是输电技术发展水平的主要标志。输电电压的高低根据输电容量和输电距离而定，一般原则是：容量越大，距离越远，输电电压就越高。目前，我国输电电压有 35 kV、110 kV、220 kV、330 kV 和 500 kV 等。输电电压的高低是输电技术发展水平的主要标志。到 20 世纪 90 年代，世界各国常用输电电压有 220 kV 及以下的高压输电，330~765 kV 的超高压输电，1000 kV 及以上的特高压输电。

1.1.3　配电

配电是指电能经远距离输送到用电区后，为了满足各类用电设备对工作电压的要求，经过降压变压器将电压降到适合各类负荷所需的电压，再通过配电线路将电能分配到各级用户。

配电线路的电压等级一般为 380 V 和 220 V 两种。配电系统中常用的交流供电方式有：

①三相单线制。常用于电气铁路牵引供电。

②三相二线一地制。多用于农村配电。

③三相三线制。分为星形接线（用于高压配电、三相 380 V 电动机）和三角形接线（用于高压配电，三相 220 V 电动机和照明）。

④三相四线制。用于 380/220 V 低压动力与照明混合配电。

⑤单相二线制。主要供应居民用电。

配电系统中常用的直流供电方式有：

①二线制。用于城市无轨电车、地铁机车、矿山牵引机车等的供电。

②三线制。供应发电厂、变电所、配电所自用电和二次设备用电，电解和电镀用电。

1.2　安全用电

1.2.1　人身安全用电

1. 触电及其伤害

触电是指由于人体直接或间接接触电源，一定量的电流通过人体致使人体器官组织受到损伤甚至死亡的事故。一般来说，触电可分为电击和电伤两类。电击指电流通过人体内部器官组织所造成的伤害，它会影响人的心脏、呼吸和神经系统正常工作，使人出现窒息、痉挛、心脏骤停等症状。电伤是指电流通过人体外部器官组织所造成的伤害。如电弧烧伤、电烙印、皮肤金属化、电光眼等。在触电事故中，电击和电伤往往会同时发生。

影响触电伤害程度的因素主要有触电电流、触电时间、电流流经人体路径、人体电阻及电流类型有关。根据人体对电流的反应程度，常将触电电流分为感应电流、摆脱电流和致命电流；电流流经人体的途径，也是影响人体触电危害程度的重要因素，当电流通过人体心脏、脊椎或中枢神经系统时，危险性最大；人体皮肤电阻与皮肤状态有关，条件不同差异很大。

如皮肤在干燥、无破损的情况下，其电阻高达几十千欧。而潮湿的皮肤，其电阻可能在1000 Ω以下；经研究表明频率在40~100 Hz的交流电对人体的危害程度最大。

2. 触电类型

1）单相触电。

当人体直接或间接触及三相导线中的任意一根相线时，电流就从这根相线通过人体流入大地，这种触电现象称为单相触电。这种触电的危害程度不仅取决于人体电阻大小，还取决于电网的中性点是否接地。

对于中性点接地电网，当人体接触其中任一相导线时，人体触电电压为220 V的相电压，电流通过人体、大地及系统中性点接地装置构成闭合回路，如图1-2（a）所示。触电时，由于接地电阻比人体电阻小得多，所以相电压几乎全部加在人体上，触电后果较严重。但是如果人体站在绝缘材料上，流经人体的电流会很小，因此不会触电。

对于中性点不接地电网，当人体接触任一相导线时，触电电流通过人体、大地和其他两相对地绝缘电阻和分布电容形成两条闭合回路，如图1-2（b）所示。这种情况，由于线路的绝缘良好，对地阻抗很大，人体触电电流比较小，因此一般不会发生危险。

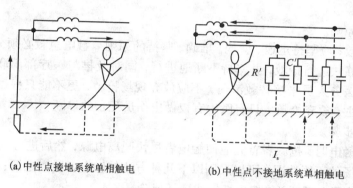

(a)中性点接地系统单相触电　　　　　　(b)中性点不接地系统单相触电

图1-2 单相触电

2）两相触电。

两相触电指人体不同部位同时触及两根相线，电流从一根相线通过人体流入另一根相线，构成回路引起触电。如图1-3所示，这时人体直接承受380 V的线电压，危险性很大。

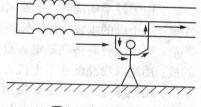

图1-3 两相触电

3）跨步电压触电。

在避雷针接地附近（遇到雷击灾害）和高压线断落触地时，会有强大电流流入大地，在接地点周围地面形成较大的电位差。人走过时，两脚之间产生跨步电压，当承受的跨步电压达到一定程度时就会引起触电，如图1-4所示。跨步电压大小与跨距及离接地点距离、接地电流大小等因素有关。若误入危险区，应双脚并拢或用单脚跳离带电体接地点，避免触电。

4）雷击触电。

雷击是雷雨云对地面突出物产生的放电现象，它是一种特殊的触电方式。雷击感应电压高达几十至几百万伏，其能量可把建筑物摧毁，把电力线和用电设备击穿，造成人身伤亡，危害性极大。为避免雷击，一般通过避雷设施将强大的电流引入地下。

图1-4 跨步电压触电

在雷雨交加时，最好把室内家用电器的电源切断，并拔掉电话插头；不宜在大树下躲避雷雨，如万不得已，则须与树干保持3米距离，下蹲并双腿靠拢；不要停留在高楼平台上，在户外空旷处不宜进入孤立的棚屋、岗亭；不宜在雷电交加时用喷头冲凉等。

5）静电触电。

金属物体受到静电感应及绝缘体间的摩擦起电是产生静电的主要原因。静电的特点是电压高，一般3~4 kV的静电电压人便会有不同程度的电击感觉。有时甚至可达数万伏，但能量不大，所以一般不至于有生命危险。

静电电击是指由于静电放电时瞬间产生的冲击性电流通过人体时造成的伤害，它会引起人摔倒、电子仪器失灵及放电的火花可引起易燃混合气体的燃烧爆炸，因此必须加以防护。

3. 触电急救

1）触电急救原则。

进行触电急救，应坚持迅速、就地、准确、坚持的原则。触电急救必须分秒必争，立即就地迅速用心肺复苏法进行抢救，并坚持不断地进行，同时及早与医疗部门联系，争取医务人员接替救治。在医务人员未接替救治前，不应放弃现场抢救，更不能只根据没有呼吸或脉搏擅自判定伤员死亡，放弃抢救。只有医生有权做出伤员死亡的诊断。

2）触电急救步骤。

当发现有人触电时，抢救者首先应使触电者尽快脱离电源，然后进行现场施救。

根据触电现场的不同情况，可以采用以下几种方法使触电者脱离电源：

①拉：就近拉开电源开关，拔出插销式瓷插保险；

②剪：用带有绝缘手柄的绝缘工具剪断电源线；

③砍：用干燥手柄的斧头、铁镐、锄头砍断电线；

④挑：用干燥的木棒、竹竿等挑开触电者身上的导线；

⑤垫：用绝缘材料垫在触电者身下，使之脱离电源；

⑥拽：用绝缘物品戴在手上拽开触电者；

⑦搭：用绝缘导线一端良好接地，另一端搭接在触电者接触的相线上，造成该相对地短路，使其跳闸或熔断保险丝，从而断开电源。

现场施救，主要采取心肺复苏法对触电者进行施救，如图1-5所示。具体方法如下：

①首先判断触电者意识。大声呼叫他或者摇摇他，看是否有反应；凑近他的鼻子、嘴边，感受是否有呼吸；摸摸他的颈动脉，看是否有搏动，切忌不可同时触摸两侧颈动脉，容易发生危险。

②打开气道。将触电者置于平躺的仰卧位，由于触电者处于昏迷状态，常常会因舌根后坠而造成气道堵塞，这时施救人员要跪在触电者身体的一侧，一手按住其额头向下压，另一手托起其下巴向上抬，让触电者的下颌与耳垂的连线垂直于地平线，这样气道就被打开。

③人工呼吸。如发现触电者无呼吸，应立即进行口对口人工呼吸两次，然后摸摸颈动

脉，如果能感觉到搏动，那么仅做人工呼吸即可。最好能找一块干净的手巾或纱布，盖在触电者的口部，以防细菌感染。施救者一手捏住其鼻子，大口吸气，然后屏住呼吸，迅速俯身用嘴包住他的嘴，快速将气体吹入。与此同时，施救者需观察其胸廓是否因气体的灌入而扩张，气吹完后松开捏着鼻子的手，让气体呼出，这样就是完成了一次呼吸过程。平均每分钟完成 12 次人工呼吸。

　　④胸外心脏按压。如果触电者一开始就没有脉搏，或者进行人工呼吸一分钟后还是没有脉搏，则需进行胸外心脏按压。施救者应先找到按压的部位。沿着最下缘的两侧肋骨从下往身体中间摸到交接点，叫剑突，以剑突为点向上在胸骨上定出两横指的位置，也就是胸骨的中下三分之一交界处，这里就是实施点。施救者将一手叠放于另一手手背，十指交叉，将掌根部置于刚才找到的位置，依靠上半身的力量垂直向下压，按压深度约为 4~5 cm，肘关节不能弯曲，手臂垂直压下后迅速抬起，频率控制在每分钟 80~100 次。

　　注意事项：必须控制力道，不可太过用劲，以免力道太大引起肋骨骨折，造成肋骨刺破心肺肝脾等重要脏器。

　　⑤单人施救和双人施救的比例。单人施救时，每做 15 次人工呼吸，就做两次胸外心脏按压；双人施救，则是每做 10 次人工呼吸，就做两次胸外心脏按压。在施救的同时也要时刻观察触电者的生命体征。若触电者面色好转，口唇潮红，瞳孔缩小，手足温度有所回升，则进一步触摸颈动脉，发现有搏动即可暂停心肺复苏进行观察，尽快让医务人员来接替抢救。

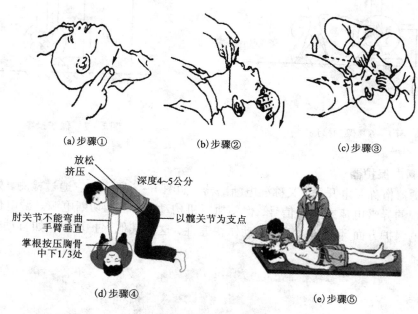

图 1-5　心肺复苏法

1.2.2　设备安全用电

1. 保护接地

　　为防止电气设备的金属外壳、配电装置的构架和线路杆塔等带电危及人身和设备安全而进行的接地称为保护接地。它是将正常情况下不带电，而在绝缘材料损坏后或其他情况下可能带电的电器金属部分(即与带电部分相绝缘的金属结构部分)用导线与接地体可靠连接起来的一种保护接线方式,如图1-6所示。为了保证接地效果,一般接地电阻应小于4 Ω。

接地保护一般用于中性点不直接接地(三相三线制)的供电系统中。采取保护接地后,若外壳因绝缘不好而漏电,人体接触外壳时,相当于人与接地电阻并联,而人体电阻远大于接地电阻,因此电流绝大部分通过接地线流入大地,从而避免了触电事故,保障了人身安全。而对于中性点直接接地的电力系统,不宜采取保护接地措施。

2. 保护接零

把电气设备的金属外壳与电网的零线可靠连接,以保障人身安全的用电安全措施称为保护接零,如图1-7所示。在电压低于1000 V的接零电网中,若电气设备的金属外壳因绝缘损坏或意外情况而漏电时,造成相线对中性线的单相短路,则线路上的保护装置(熔断器或自动开关)迅速动作,切断电源,从而保障了人身安全。

在采用保护接零的电网中,中性线必须按规定重复接地,以免在中性线出现断线事故时,电气设备的接零外壳发生带电危险。

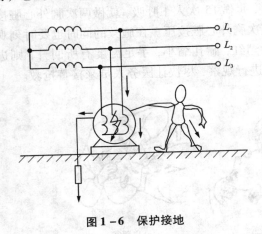

图1-6 保护接地

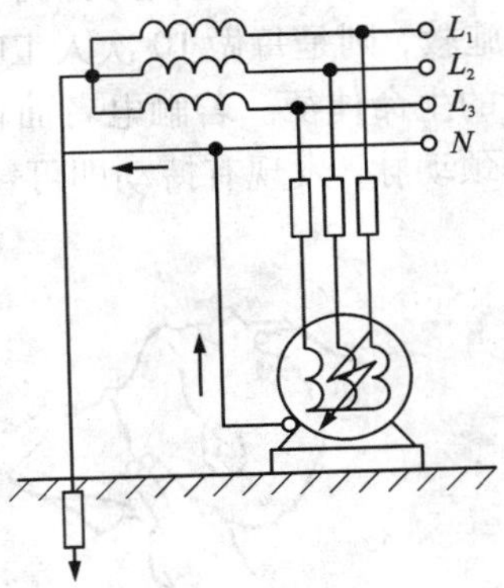

图1-7 保护接零

3. 使用漏电保护器

漏电保护器俗称漏电开关,又称漏电断路器,如图1-8所示。它通过检测、处理电气设备漏电时呈现的异常电流或电压信号,促使执行机构动作,自动切断电源。漏电保护器在反应漏电和触电保护方面具有高灵敏性和动作快速性,这是其他保护电器,如自动开关、熔断

图1-8 漏电保护器

6

器等无法比拟的。常用在电路或电器绝缘受损发生对地短路场合，防人身触电和电气火灾的保护电器，一般安装于每户配电箱的插座回路上和全楼总配电箱的电源进线上。

　　漏电保护器种类很多，按其保护功能和用途一般可分为漏电保护继电器、漏电保护开关和漏电保护插座三种。按其工作原理通常分为电压型和电流型两类。根据故障电压动作的漏电保护器叫电压型漏电保护器；根据故障电流动作的漏电保护器叫电流型漏电保护器。由于电压型漏电保护器结构复杂、制造成本高、稳定性差、易受外界干扰，现今已基本被淘汰。在国内外漏电保护器的研究与应用中，以电流型漏电保护器为主。

第2章
常用工具与仪器仪表

随着社会的发展，在人们的工作和生活中，需要使用大量的电工、电子类工具和仪器仪表。那么能否正确地使用和维护它们，直接影响到人们的工作及生活的质量、效率和安全。

2.1 常用工具

2.1.1 斜口钳

1. 外形结构和用途

斜口钳又名"斜嘴钳"，其头部扁斜。根据材料和用途分为很多类别，如不锈钢电子斜嘴钳、VDE耐高压大头斜嘴钳、精抛美式斜嘴钳、镍铁合金欧式斜嘴钳、德式省力斜嘴钳等。电工常用的有150、175、200及250 mm等多种规格，钳柄部的绝缘管要耐压1000 V。

斜口钳主要用于剪切导线、元器件多余的引线、金属丝及电缆等，常用来代替一般剪刀。斜口钳的刀口还可用来剖切软电线的橡皮或塑料绝缘层，齿口也可用来紧固或拧松螺母等，如图2-1所示。

(a)斜口钳外形结构　　(b)剪切元件引脚　　(c)剖切电线的绝缘皮

图2-1　斜口钳的外形和用途

2. 使用注意事项

使用时，应熟知其性能、特点和维修保养方法。使用斜口钳应用右手操作，将钳口朝内侧，便于控制钳切部位，用小指伸在两钳柄中间来抵住钳柄，张开钳头，这样分开钳柄灵活。剪8号镀锌铁丝时，应用刀刃绕表面来回割几下，然后只需轻轻一扳，铁丝即断。铡口也可以用来切断电线、钢丝等较硬的金属线。

使用钳子要量力而行，不可以用来剪切钢丝、钢丝绳和过粗的铜导线和铁丝，否则容易导致钳子崩牙和损坏。

2.1.2 剥线钳

1. 外形结构和用途

剥线钳由压线口、刀口和钳柄组成。剥线钳的钳柄上套有耐压为 500 V 的绝缘套管，如图 2-2 所示为剥线钳的外形结构和机构简图

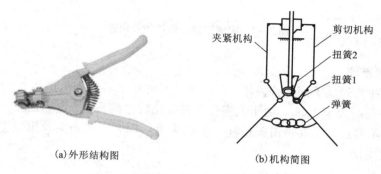

(a)外形结构图　　　　　　　　(b)机构简图

图 2-2　剥线钳的外形结构及机构简图

当握紧剥线钳手柄使其工作时，图中弹簧首先被压缩，使得夹紧机构夹紧电线。而在夹紧电线以前由于扭簧 1 的作用，剪切机构不会运动。当加紧机构完全夹紧电线时，扭簧 1 所受的作用力逐渐变大致使扭簧 1 开始变形，使得剪切机构开始工作。而此时扭簧 2 所受的力还不足以使得夹紧机构与剪切机构分开，剪切机构完全将电线皮切开后剪切机构被夹紧。此时扭簧 2 所受作用力增大，当达到一定程度时，扭簧 2 开始变形，夹紧机构与剪切机构分开，使得电线被切断的绝缘皮与电线分开，从而完成剥线过程。

剥线钳为内线电工、电动机修理等电工常用工具之一。主要用来剥除电线头部的表面绝缘层。剥线钳用于剥削直径 3 mm 以下塑料或橡胶绝缘导线的绝缘层。其钳口有 0.5~3 mm 多个直径切口，以适应不同规格的线芯剥切。它的规格以全长表示，常用的有 140 mm，160 mm 和 180 mm 等。

2. 使用注意事项

剥线钳不能当钢丝钳使用，以免损坏切口。用其剥线时，电线不能放在小于其芯线直径的切口上切削，以免切伤芯线。带电操作时，要首先检查钳柄部绝缘是否良好，以防触电。

2.1.3 尖嘴钳

1. 外形结构和用途

尖嘴钳又称尖头钳、尖咀钳。它是由尖头、刀口和钳柄组成，其头部尖细，适合在狭小的空间操作。

尖嘴钳也有铁柄和绝缘柄两种，绝缘柄的耐压为 500 V，主要用来剪切线径较细的单股与多股线，可将单股导线接头弯圈、剖削塑料电线绝缘层，也可用来带电操作低压电气设备等。尖嘴钳能夹持较小的垫圈、螺钉、导线等元件。带刀口的尖嘴钳能剪切细小零件，它是电工尤其是内线器材装配及修理工作常用工具之一，如图 2-3 所示为尖嘴钳外形结构及用途示意图。

图 2 - 3 尖嘴钳的外形结构及用途

2. 使用注意事项

使用时，应注意绝缘手柄是否损坏，一旦损坏不可用来剪切带电电线。为保障安全，手距金属部分的距离应大于 2 cm。由于尖嘴钳的钳头比较尖细，且经过热处理，所以钳夹物体不可过大，用力不要过猛，以防钳头损坏。不用尖嘴钳时，应在表面及钳轴上润滑防锈油，以免支点发涩或生锈。

2.1.4 钢丝钳

1. 外形结构和用途

钢丝钳又称克丝钳、老虎钳，由钳头和钳柄组成，钳头包括钳口、齿口、刀口和铡口。常用来剪切、钳夹或拉剥电线绝缘层、弯绞导线、紧固及拧松螺钉等。一般来说剪切钢丝用铡口、剪切导线或剖切电线的绝缘层用刀口、弯绞导线或夹持物件用钳口、紧固或拧松螺母用齿口。钢丝钳的外形结构和用途如图 2 - 4 所示。电工常用的钢丝钳有 150 mm、175 mm、200 mm 及 250 mm 等多种规格。

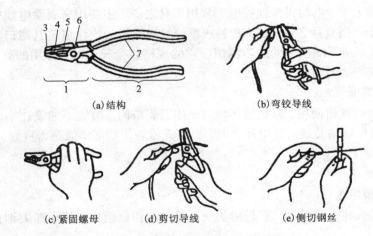

(a)结构 (b)弯铰导线

(c)紧固螺母 (d)剪切导线 (e)侧切钢丝

图 2 - 4 钢丝钳的外形结构和用途

1—钳头；2—钳柄；3—钳口；4—齿口；5—刀口；6—铡口；7—绝缘套

2. 使用注意事项

使用时须使钳口朝内侧，便于控制剪切部位。在剪切带电导体时，须单根进行，以免造成短路事故。

10

使用钳子要量力而行，不可以超负荷的使用。在切不断的情况下，可先用刀口在钢丝上留下咬痕，然后用钳头的齿口夹紧钢丝，轻轻的上抬或者下压钢丝，就可以掰断钢丝，不但省力，而且对钳子没有损坏。切忌在切不断的情况下扭动钳子，否则容易造成崩牙与损坏。钳柄须有良好的保护绝缘，否则不能带电操作。为防止生锈，钳轴要经常加油。

2.1.5 电工刀

1. 外形结构和用途

电工刀是电工常用的一种切削工具。普通的电工刀由刀刃、刀片、刀把、刀挂等组成，多功能电工刀除了刀片外，还有锯片、锥子、扩孔锥等。外形结构如图 2-5 所示。刀片根部与刀柄相铰接，其上带有刻度线及刻度标识，前端形成有螺丝刀刀头，两面加工有锉刀面区域，刀刃上具有一段内凹形弯刀口，弯刀口末端形成刀口尖，刀柄上设有防止刀片退弹的保护钮。电工刀的刀片汇集有多项功能，使用时

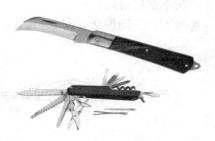

图 2-5 电工刀外形结构图

只需一把电工刀便可完成连接导线的各项操作，无须携带其他工具，具有使用方便、功能多样、结构简单等特点。

2. 使用注意事项

用电工刀剖削电线绝缘层时，可把刀略微翘起一些，用刀刃的圆角抵住线芯。切忌把刀刃垂直对着导线切割绝缘层，因为这样容易割伤电线线芯。

常用的剥削方法有级段剥落和斜削法剥削，电工刀的刀刃部分要磨得锋利才好剥削电线。但磨得太锋利，则容易削伤线芯；磨得太钝，则无法剥削绝缘层。磨刀刃一般采用磨刀石或油磨石。电工刀不用时，应将刀片收缩到刀把内。电工刀的刀柄无绝缘，严禁在带电体上使用。

2.1.6 螺丝刀

1. 外形结构和用途

螺丝刀是一种用来拧转螺丝钉以迫使其就位的工具，通常有一个薄楔形头，可插入螺丝钉头的槽缝或凹口内。京津冀和陕西方言称为"改锥"，安徽、河南和湖北等地称为"起子"，中西部地区称为"改刀"，长三角地区称为"旋凿"。螺丝刀按不同的头形可以分为一字、十字、六角、米字、星形、方头、Y 形头部等等，其中

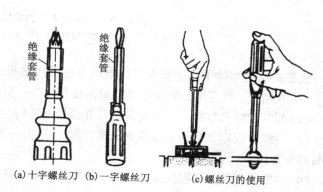

(a) 十字螺丝刀 (b) 一字螺丝刀 (c) 螺丝刀的使用

图 2-6 螺丝刀外形结构和用途

一字和十字是我们生活中最常用的，如图 2-6 所示。常见的还有六角螺丝刀，包括外六角和内六角两种。像安装、维修这类都要用到，可以说只要有螺丝的地方就要用到螺丝刀。

2. 使用注意事项

使用时,将螺丝刀拥有特殊形状的端头对准螺丝的顶部凹坑,然后旋转手柄。根据规格标准,顺时针方向旋转为嵌紧;逆时针方向旋转则为松出。一字螺丝批可以应用于十字螺丝。但十字螺丝拥有较强的抗变形能力。螺丝刀上的绝缘柄应绝缘良好,以免造成触电事故。

螺丝刀头部形状和尺寸应与螺钉尾部槽形和大小相匹配。不能用小螺丝刀去拧大螺丝钉,以防螺丝钉尾槽或螺丝刀头部损坏。同样也不能用大螺丝刀去拧小螺钉,以防因力矩过大而导致小螺钉滑丝。

螺丝刀的正确握法如图2-7所示。

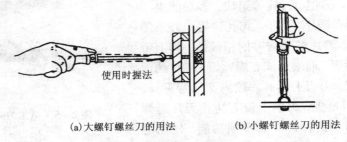

使用时握法

(a)大螺钉螺丝刀的用法   (b)小螺钉螺丝刀的用法

图2-7 螺丝刀的使用方法

2.1.7 低压测电笔

1. 外形结构和用途

低压测电笔也称低压验电器,俗称电笔。它是用来检测导线、电器和电气设备的金属外壳是否带电的一种电工工具。目前,低压验电笔通常有氖管式验电笔和数字式验电笔两种。氖管式验电笔根据外形分为钢笔式和螺丝刀式两种。外形结构如图2-8所示。

(a)钢笔式   (b)螺丝刀式

图2-8 低压测电笔的外形结构

1—笔尖;2—电阻;3—氖管;4—弹簧;5—笔尾金属体

氖管式验电器除了用于检查低压电气设备或线路是否带电外,还可用于:

(1)判断交、直流电:交流电通过时两极都发亮,而直流电通过时仅一个电极附近亮。

(2)判断相线和零线:氖泡发亮的是相线,不亮的是零线。

(3)判断直流电正负极:氖管的前端即验电笔尖一端明亮为负极,氖管后端即手握的一端明亮为正极。

(4)判断高低压:氖泡发黄红色光、很亮,则电压高;氖泡发暗红色光、轻微亮,则电压较低。

数字式验电笔由笔尖(工作触头)、笔身、指示灯、电压显示、电压感应通电检测按钮、电压直接检测按钮、电池等组成,适用于检测12~220 V交直流电压和各种电器。外形结构如图2-9所示。

12

数字式验电笔除了具有氖管式验电笔通用的功能，还有以下特点：

（1）当右手指按断点检测按钮，并将左手触及笔尖时，若指示灯发亮，则表示正常工作；若指示灯不亮，则应更换电池。

（2）测试交流电时，切勿按电子感应按钮。将笔尖插入相线孔时，指示灯发亮，则表示有交流电；需要电压显示时，则按检测按钮，最后显示数字为所测电压值；未到高段显示值 75% 时，显示低段值。

图 2-9　数字式验电笔外形结构

2. 使用注意事项

使用测电笔之前应先检查测电笔内有否安全电阻、受潮或进水现象，然后在有电的导体上检查电笔能否正常发光，检查合格后方可使用。

使用测电笔时，以中指和拇指持测电笔笔身，食指接触笔尾金属体或笔挂。要防止笔尖金属体触及皮肤，以免触电。在明亮的光线下使用测电笔测量带电体时，应注意避光，以免因光线太强而不易观察氖管是否发光，造成误判。电笔的金属探头虽与螺丝刀相同，但它只能承受很小的扭矩，使用时注意以防损坏。

使用完毕后，要保持测电笔清洁，并放置在干燥处，严防碰摔。

2.1.8　吸锡器

1. 外形结构和用途

吸锡器是一种拆焊工具，用于收集拆卸焊盘电子元件时融化的焊锡，有手动、电动两种。手动吸锡器使用时配合电烙铁一起使用，电热吸锡器可直接拆焊，其外形结构如图 2-10 所示。电动吸锡器主要由真空泵、加热器、吸锡头及容锡室组成，是集电动、电热吸锡于一体的新型除锡工具。

在调试、维修时，经常需要对元器件进行更换，这就需要合理使用吸锡器进行拆焊。由于拆焊的方法不当，往往造成元器件的损坏、印制导线的断裂，甚至焊盘的脱落。尤其是更换集成电路块时，就更加困难。

使用手动吸锡器时，先把吸锡器活塞向下压至卡住，接着用电烙铁加热焊点至焊料熔化，然后迅速把吸锡器嘴贴上焊点，并按动吸锡器按钮，与此同时，移开电烙铁。如果一次吸不干净，可重复操作多次，如图 2-11 所示。

图 2-10　吸锡器的外形结构

图 2-11　手动吸锡器的使用方法

使用吸锡器拆卸集成块，是一种常用的专业方法。拆卸集成块时，先对要拆卸的集成块引脚上加热，待焊点锡融化后吸入吸锡器内，全部引脚的焊锡吸完后集成块即可拿掉。

2. 使用注意事项

1）要确保吸锡器活塞密封良好。通电前，用手指堵住吸锡器头的小孔，按下按钮，如活塞不易弹出到位，说明密封是好的。

2）吸锡器头的孔径有不同尺寸，要选择合适的规格使用。

3）使用吸锡器拆焊时，要控制好加热温度和时间，否则将造成元器件的损坏、印制导线的断裂、焊盘的脱落等各类不应有的损失。

4）接触焊点以前，可蘸一点松香，改善焊锡的流动性。

2.1.9 冲击钻

1. 外形结构和用途

冲击钻是一种旋动带冲击的电动工具。它具有两种功能：一种是作为普通电钻使用，将开关调到"钻"位置，装上普通麻花钻能在金属上钻孔；另一种是将开关调到"锤"的位置，装上镶有硬质合金的钻头，便能在砖墙和混凝土等建筑物构件上钻孔。冲击钻通常可以冲打直径为 6～16 mm 的圆孔。其外形结构如图 2-12 所示。

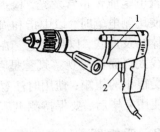

图 2-12　冲击钻的外形结构
1—锤、钻调节开关；2—电源开关

2. 使用注意事项

（1）使用时须戴上护目镜和绝缘手套，穿绝缘鞋或站在绝缘板上。

（2）为确保操作人员的安全，在使用前用 500 V 兆欧表测定其相对绝缘电阻，其值应不小于 0.5 兆欧。冲击外壳必须有接地线或接中性线保护。

（3）钻孔时不宜用力过猛，遇到坚硬物时不能加过大的力，以免钻头退火或因过载而损坏；在使用过程中转速突然降低或停转，应迅速放松开关，切断电源；当孔快钻通时，应适当减轻手的压力。

（4）钻孔中应经常将钻头从钻孔抽出以便排除钻屑。

（5）冲击钻一般情况下是不能用来作电钻使用的，因为冲击钻在使用时方向不易把握，容易出现误操作，开孔偏大。

2.2　常用仪器仪表

2.2.1　万用表

1. 指针式万用表

万用表又称多用表、万能表等，是一种多功能、多量程的携带式电工仪表。一般可用来测量交直流电压、电流及电阻等多种物理量，有些还可测量电容、电感、温度和晶体管直流放大系数等。指针式万用表的型号很多，但使用方法基本相同，现以 MF30 为例介绍它的使用方法及注意事项，如图 2-13 所示为它的面板示意图。

MF30指针式万用表的使用方法及注意事项：

（1）测试棒要完整、绝缘要好。

（2）检查表头指针是否指向电压、电流的零位，若不是则调整机械零位调节器使其归零。

（3）根据被测参数的种类与大小选择转换开关位置和相应量程，应尽量使表头指针偏转到满刻度的2/3处。如不知道被测参数的范围，应从最大量程挡开始逐渐减小至适当的量程挡。

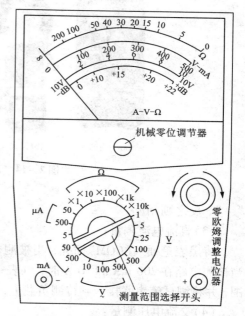

图2-13 MF30面板示意图

（4）读数时要从相应的标尺上去读，并注意量程。若被测量是电压或电流时，满刻度即量程；若被测量是电阻时，则读数＝标尺读数×倍率。

（5）测量直流量时注意极性和接法：测直流电流时，电流从红表棒"＋"流入，从黑表棒"－"流出；测直流电压时，红表棒接高电位，黑表棒接低电位。

（6）测量时手不要触碰表棒的金属部分，以保证安全和测量准确性。

（7）测量电阻前，应先对相应的欧姆挡调零（即将两表棒相碰，旋动调零旋钮，使指针归零）。每换一次欧姆挡都要进行调零。如旋动调零旋钮指针无法达到零值，则可能是表内电池电压不足，需更换电池。测量时将被测电阻与电路分开，不能带电操作。

（8）测晶体管参数时，要用低压高倍率挡（R×1000 Ω 或 R×1 kΩ）。注意"－"为内电源的正端，"＋"为内电源的负端。

（9）不要用万用表直接测微安表、检流计等灵敏电表的内阻。不能带电转动转换开关。

（10）测量完毕后，应将转换开关旋至交流电压最高挡，有"OFF"挡的则旋至"OFF"。

2. 数字式万用表

数字万用表也称数字多用表，它是将所测量的电压、电流、电阻等参数的大小直接以数字形式显示出来的测试仪表。现在数字式万用表已成为主流，有取代指针式模拟万用表的趋势。与指针式模拟万用表相比，数字式万用表具有灵敏度高、准确度高、分辨率高、显示清晰、过载能力强、便于携带、使用简单等特点。

数字万用表种类繁多，根据的外形特征可分为手持式数字万用表、钳式数字万用表、笔式数字万用表和台式数字万用表等，如图2-14所示。

现以UT-55为例介绍它的使用方法及注意事项。

（1）通电操作：

接通电源，先检查9 V电池，如果电池电压不足，电池图标将显示在显示器上，这时则需更换电池。如果显示器上没有显示电池图标，则将功能量程开关置于所需要的量程上。

（2）直流电压测量：

将红表笔插入"VΩmA"插孔，黑表笔插入"COM"插孔。并将功能量程开关置于V—量程范围，并将测试笔连接到待测电源或负载上，显示器若显示正值，则红表笔所接端的极性为

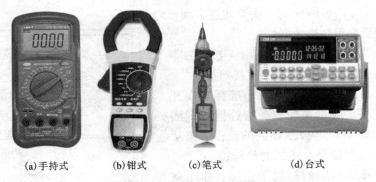

| (a)手持式 | (b)钳式 | (c)笔式 | (d)台式 |

图2-14 几种数字万用表的外形图

"+"，反之则相反。

（3）直流电流测量：

将黑表笔插入"COM"插孔，当被测电路不超过200 mA时，红表笔插入"VΩmA"插孔。当被测电路在200 mA和10 A时，红表笔插入10 A插孔。将功能量程开关置于A—量程范围，并将测试笔串联接入到待测负载上，电流值显示的同时将显示红表笔连接的极性。

（4）交流电压测量：

将红表笔插入"VΩmA"插孔，黑表笔插入"COM"插孔。将功能量程开关置于V～量程范围，并将测试笔连接到待测电源或负载上。

（5）电阻测量：

将黑表笔插入"COM"插孔，红表笔插入"VΩmA"插孔。将功能量程开关置于所需的Ω量程范围，并将测试笔并接到被测电阻上，从显示器上读取测量结果。

（6）二极管测试：

将黑表笔插入"COM"插孔，红表笔插入"VΩmA"插孔，此时红表笔极性为"+"。将功能量程开关置于二极管测试图标"－▷｜－"上，将红表笔接到被测二极管的阳极上，黑表笔接到二极管的阴极上，由显示器上读取被测二极管的近似正向压降值。

（7）电路通断测试：

将红表笔插入"VΩmA"插孔，黑表笔插入"COM"插孔。将功能量程开关置于二极管测试量程"－▷｜－"位置，并将测试笔连接到被测电路的两点上。如果内置蜂鸣器发出响声表示该两点间导通。

（8）晶体三极管测试：

将万用表量程开关置于hFE位置，然后将三极管基极、发射极和集电极分别插入仪表面板上三极管测试插座的相应孔内。读取显示屏上显示的hFE近似值。取最大的读数，此时说明插入的管脚正确，并能判断出晶体管管型、电极及质量好坏，如图2-15所示。

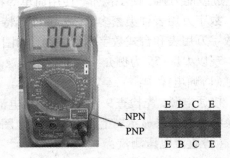

图2-15 用数字万用表测试晶体三极管

16

2.2.2　钳形电流表

钳形电流表是由电流互感器和电流表组合而成。电流互感器的铁芯在捏紧扳手时可以张开；被测电流所通过的导线可以不必切断就可穿过铁芯张开的缺口，当放开扳手后铁芯闭合。因此使用钳形电流表可以在不切断电路的情况下来测量电流，使用方便而得到广泛应用。一般用于测量电压不超过 500 V 的负荷电流，其外形结构如图 2-16 所示。

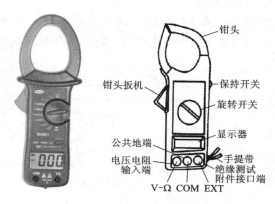

图 2-16　钳形电流表外形结构图

使用方法及注意事项：

（1）先检查钳口开合情况，要求钳口可动部分开合自如，两边钳口接合面接触紧密。

（2）检查电流表指示是否在零位，否则调节调零旋钮使其指向零。

（3）将量程选择旋钮置于适当位置，不可在测量过程中切换电流量程开关。

（4）将被测导线置于钳口内中心位置即可读数。

（5）测量结束后将量程选择旋钮置于最高挡，以免下次使用时不慎损坏仪表。

2.2.3　兆欧表

兆欧表（Megger）俗称摇表，兆欧表大多采用手摇发电机供电，故又称摇表。它的刻度是以兆欧（MΩ）为单位的。兆欧表是电工常用的一种测量仪表。兆欧表主要用来检查电气设备、家用电器或电气线路对地及相间的绝缘电阻，以保证这些设备、电器和线路工作在正常状态，避免发生触电伤亡及设备损坏等事故。其外形如图 2-17 所示。

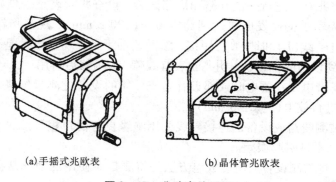

(a)手摇式兆欧表　　　　(b)晶体管兆欧表

图 2-17　兆欧表外形图

1. 兆欧表的规格选用

兆欧表的常用规格有 250 V、500 V、1000 V、2500 V 和 5000 V，应根据被测电气设备的额定电压来选择。一般额定电压在 500 V 以下的设备选用 500 V 或 1000 V 的表；额定电压在 500 V 以上的设备选用 1000 V 或 2500 V 的表；而瓷瓶、母线、刀闸等应选 2500 V 或 5000 V 的表。

2. 接线方法

兆欧表上有 E(接地)、L(线路)、G(保护环或屏蔽端子)三个接线端:

(1)测量电路绝缘电阻时,将 L 端与被测端相连,E 端与地相连,如图 2-18(a)所示。

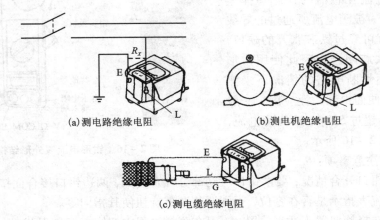

(a)测电路绝缘电阻   (b)测电机绝缘电阻

(c)测电缆绝缘电阻

图 2-18 兆欧表接线图

(2)测量电机绝缘电阻时,将机壳接于 E 端,L 端与电机绕组相连,如图 2-18(b)所示。

(3)测量电缆的缆芯对缆壳的绝缘电阻时,除将缆壳和缆芯分别接于 E 和 L 端外,还须将电缆壳芯之间的内层绝缘物接于 G 端,以消除因表面漏电而引起的误差,如图 2-18(c)所示。

3. 使用方法及注意事项

(1)摇测时将兆欧表置于水平位置,摇把转动时其端钮间不许短路。摇动手柄应由慢渐快,若发现指针指零说明被测绝缘物可能发生了短路,这时就不能继续摇动手柄,以防表内线圈发热损坏。

(2)测量前应将兆欧表进行一次开路和短路试验,检查兆欧表是否良好。即在兆欧表未接上被测物之前,摇动手柄使发电机达到额定转速(120 r/min),观察指针是否指在标尺的"∞"位置。将接线柱"线(L)和地(E)"短接,缓慢摇动手柄,观察指针是否指在标尺的"0"位。如指针不能指到该指的位置,表明兆欧表有故障,应检修后再用。

(3)不可在设备带电及在雷电时或邻近有高压导体的设备处测量绝缘电阻,且对具有电容的高压设备应先进行放电(为 2~3 min)。

(4)兆欧表与被测线路或设备的连接导线要用绝缘良好的单根导线,不能用双股绝缘线或绞线,避免因绝缘不良引起误差。

(5)读数完毕,将被测设备放电。放电方法是将测量时使用的地线从兆欧表上取下来与被测设备短接一下即可(不是兆欧表放电)。

2.2.4 直流稳压电源

直流稳压电源能为负载提供稳定直流电源的电子装置。直流稳压电源的供电电源大都是交流电源,当交流供电电源的电压或负载电阻变化时,稳压器的直流输出电压都会保持稳定。直流稳压电源随着电子设备向高精度、高稳定性和高可靠性的方向发展,对电子设备的供电电源提出了高的要求。

现以 EM1713A 为例介绍直流稳压电源的使用方法，如图 2 – 19 所示为其功能面板图。

面板功能说明：

（1）"POWER"按键用于开启或关断电源。

（2）"MODE"按键为独立/跟踪工作按钮。

（3）"MEASURE"按键用于切换指示输出电压和输出电流。

（4）"VOLTS"按键用于调整恒压输出值。

（5）"CURRENT"按键用于调整恒流输出值。

（6）" ＋ "接线柱为输出电源的正极接线柱，

图 2 – 19　稳压电源功能面板

"－"接线柱为输出电源的负极接线柱。

使用方法：

（1）面板上根据功能色块分布，Ⅰ区内的按键为Ⅰ路仪表指示功能选择，按入时，指示该路输出电流；按出时指示该路输出电压。Ⅱ路和Ⅰ路相同。

（2）中间按键是跟踪/独立选择开关。按入时，在Ⅰ路输出负端至Ⅱ路输出正端加一短接线，开启电源后，整机工作在主从跟踪状态。

（3）恒定电压的调节在输出端开路时调节，恒定电流的调节在输出端短路时调节设定。

（4）本仪器电源输入为三线，机壳接地，以保证安全及减小输出纹波。

2.2.5　示波器

1. 模拟示波器

模拟示波器采用的是模拟电路(示波管，其基础是电子枪)电子枪向屏幕发射电子，发射的电子经聚焦形成电子束，并打到屏幕上，屏幕的内表面涂有荧光物质，这样电子束打中的点就会发出光来。模拟示波器型号繁多，但基本使用方法基本相同，下面以 EM6520 型双通道示波器为例介绍其面板功能和使用方法。

面板功能图如图 2 – 20 所示：

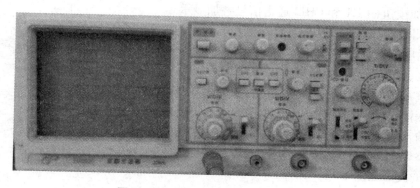

图 2 – 20　EM6520 示波器功能面板

（1）电源按钮：开启或关断电源。

（2）亮度调节旋钮：顺时针方向旋转按钮，亮度增强。

（3）聚焦旋钮：示波管焦距调整，调节光点和波形的清晰度。

（4）光迹旋转：光迹旋转调整，可调整光迹与水平线平行。

（5）标尺亮度控制钮：顺时针调节，屏幕刻度的亮度增加。

（6）校准信号口：提供幅度为 0.5 V，频率为 1 kHz 的方波信号，用于调整探头的补偿和检测垂直和水平的基本功能。

（7）×5 扩展控制键，按下此键扫描速度扩大 5 倍，波形的水平扩展。

（8）触发极性按钮：用于选择信号的上升或下降沿触发扫描。

（9）X – Y 控制键，在 X – Y 工作方式下，垂直信号接入 CH2 输入端水平信号输入 CH1 端。

（10）交替扩展按键，按下此键扫描因数 ×1，×5 交替显示，扩展后的轨迹由轨迹分离控制键移位 1.5DIV。

（11）扫描微调旋钮：可在扫描速度旋钮两挡之间连续调节，以达到各挡全面覆盖。

（12）扫描速度调节旋钮：可根据被测信号的频率适当调节，以便观察。

（13）垂直偏转旋钮：垂直灵敏度选择，可根据显示波形适当选择。

（14）垂直偏转微调：可在垂直偏转旋钮两挡之间连续调节，以达到各挡全面覆盖。

（15）水平移位旋钮：信号波形 X 轴移位。

（16）垂直移位旋钮：信号波形 Y 轴移位。

（17）触发方式选择挡杆：用于自动、常态、场同步、行同步切换。

（18）触发源选择挡杆：用于交替、CH1、CH2、外触发切换。

（19）锁定旋钮：用于被测信号在某一电平上的同步。

（20）触发极性：按入，负脉冲上升沿或正脉冲下降沿触发；弹出，正脉冲上升沿或负脉冲下降沿触发。

（21）极性开关：CH2 极性开关。

（22）耦合方式：提供 AC/DC/对地耦合。

（23）CH1 按钮：显示 CH1 信号。

（24）CH2 按钮：显示 CH2 信号。

（25）叠加按钮：CH1 和 CHI2 通道信号叠加显示。

通常在测量前，需要对机器进行校准工作，步骤如下：

（1）接通电源。

（2）亮度、聚焦、移位旋钮居中。

（3）调整 CH1,轨迹与中央水平线平行。

（4）将探棒连接到 CH1 输入端，探头的钩子勾到 0.5 V 校准信号端。

（5）将输入信号耦合选择端置于 AC 位置，CRT 会显示波形。

（6）调整聚焦、移位旋钮，使轨迹清晰。

调整后的波形如图 2 – 21 所示。

2. 数字示波器

数字示波器是数据采集，A/D 转换，软件编程等一系列的技术制造出来的高性能示波器。数字示波器一般支持多级菜单，能提供给用户多种选择，多种分析功能。还有一些示波器可以提供存储，实现对波形的保存和处理。目前高端数字示波器主要依靠美国技术，对于

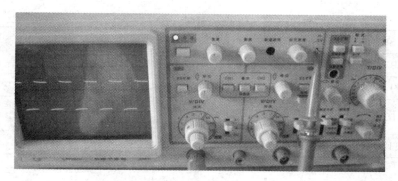

图 2 – 21　EM6520 信号校准方法示意图

300 MHz 带宽之内的示波器,目前国内品牌的示波器在性能上已经可以和国外品牌抗衡,且具有明显的性价比优势。

下面以 SDS1022DL 型数字示波器为例介绍其面板功能和使用方法。面板功能见图 2 – 22 及表 2 – 1 所示。

图 2 – 22　SDS1022DL 功能面板

表 2 – 1　菜单和控制按钮

CH1、CH2	显示通道 1、通道 2 设置菜单
MATH	显示【数学计算】功能菜单
FEF	显示【参考波形】菜单
HORI MENU	显示【水平】菜单
TRIG MENU	显示【触发】控制菜单
SET TO 50%	设置触发电平为信号幅度的中点
FORCE	无论示波器是否检测到触发,都可以使用【FORCE】按钮完成对当前波形采集。该功能主要应用于触发方式中的【正常】和【单次】
SAVE/FECALL	显示设置和波形的【存储/调出】菜单
ACQUIRE	显示【采样】菜单
MEASURE	显示【自动测量】菜单
CURSORS	显示【光标】菜单。当显示【光标】菜单且无光标激活时,【万能旋钮】可以调整光标的位置。离开【光标】菜单后,光标保持显示(除非【类型】选项设置为【关闭】),但不可调整
DISPLAY	显示【显示】菜单
UTILITY	显示【辅助系统】功能菜单

DEFAULT SETUP	调出厂家设置
HELP	进入在线帮助系统
AUTO	自动设置示波器控制状态,以显示当前输入信号的最大值
RUN/STOP	连续采集波形或停止采集。注意:在停止状态下,对于波形垂直挡位和水平时基可以在一定范围内调整,即对信号进行水平或垂直方向上的扩展。
SINGLE	采集单个波形,然后停止

测量方法与步骤如下:

(1)接通电源,按下 CH1 按钮。

(2)测量前的校准:将探棒一端连入 CH1,另一端的钩子勾在 1 kHz 标准信号源的正极,夹子夹在接地端,如图 2 – 23 所示。

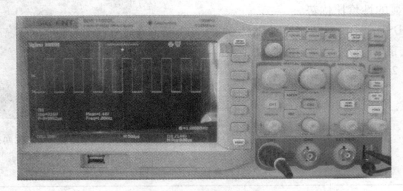

图 2 – 23　SDS1022DL 标准信号校准方法示意图

(3)将通道 1 的探头连接到电路被测点。

(4)按下 AUTO 自动测量按钮。

(5)按下 MEASURE 按钮,显示自动测量菜单。自动测量界面有五个选项:电压测试、时间测试、延迟测试、全部测量及返回,共 32 种测量类型,一次最多可以显示五种,如图 2 –24 所示。

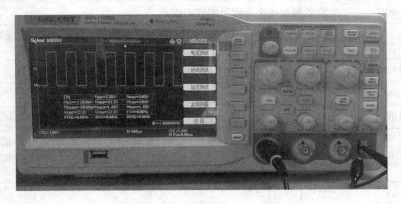

图 2 – 24　SDS1022DL 自动测量界面

（6）按下顶部选项按钮。

（7）按下全部测量按钮，选择输入信号通道 CH1/CH2，打开/关闭电压测试和时间测试即可显示被测参数的测量结果，如图 2 - 25 所示。

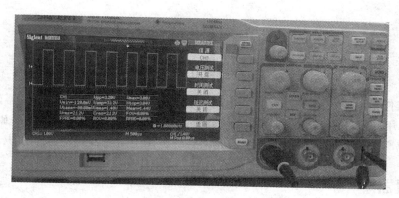

图 2 - 25　SDS1022DL 全部测量界面

第 3 章
常用电子元器件

电子元器件是电子线路中具有独立电气功能的基本单元。熟悉常用元器件的性能、特点，掌握对常用元器件的识别方法和检测方法，是选择、使用电子元器件的基础，也是组装、调试电子线路必须具备的基本技能。下面介绍各种常用电子元器件的基本知识。

3.1 电阻器

电阻器是电子设备中应用最广泛的元件之一，在电路中起限流、分流、降压、分压、负载与电容配合做滤波器及阻抗匹配等，在数字电路中作用有上拉电阻和下拉电阻。

3.1.1 电阻器的分类及命名方法

1. 分类

电阻器的分类多种多样，通常分为三大类：固定电阻、可变电阻和特种电阻。也可以按照电阻体材料、用途、结构形状、引出线的不同分类，具体含义见图 3-1 所示。

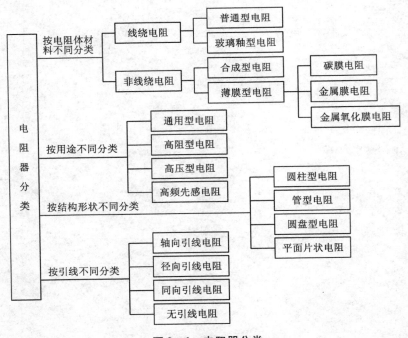

图 3-1 电阻器分类

2. 型号命名方法

根据国家标准 GB2470—81 的规定,电阻器的型号如图 3-2 所示。具体命名方法见表 3-1 所示。

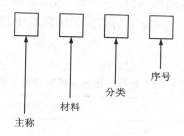

序号

分类

材料

主称

图 3-2　电阻器的型号命名

表 3-1　电阻器、电位器的型号命名

第一部分		第二部分		第三部分		第四部分	
用字母表示主称		用字母表示材料		用数字或字母表示分类		用数字表示序号	
序号	意义	符号	意义	符号	意义	符号	意义
R	电阻器	T	碳膜	1	普通		
W	电位器	P	硼碳膜	2	普通		
		U	硅碳膜	3	超高频		
		H	合成膜	4	高阻		
		I	玻璃釉膜	5	高温		
		J	金属膜	7	精密		
		Y	氧化膜	8	高压或特殊		
		S	有机实芯	9	特殊		
		N	无机实芯	G	高功率		
		X	线绕	T	可调		
		R	热敏	X	小型		
		G	光敏	L	测量用		
		M	压敏	W	微调		
				D	多圈		

3.1.2　电阻器的主要技术指标

衡量电阻器的两个最基本的参数是阻值和额定功率。阻值用来表示电阻器对电流阻碍作用的大小,电阻的单位是欧姆,用符号 Ω 表示。额定功率是用来表示电阻器所能承受的最高电压和最大电流的乘积,单位是瓦特,用符号 W 表示。

1. 额定功率

电阻器在电路中长时间连续工作不损坏，或不显著改变其性能所允许消耗的最大功率称为电阻器的额定功率。电阻器的额定功率并不是电阻器在电路中工作时一定要消耗的功率，而是电阻器在电路工作中所允许消耗的最大功率。不同类型的电阻器具有不同系列的额定功率，如表 3 – 2 所示。图 3 – 3 为不同额定功率值的电阻在电路上的符号。不难看出，额定功率值在 1 W 以上用罗马数字表示。

表 3 – 2　常用电阻器的额定功率系列

名称	额定功率（W）					
实芯电阻器	0.25	0.5	1	2	5	—
线绕电阻器	0.5	1	2	6	10	15
	25	35	50	75	100	150
薄膜电阻器	0.025	0.05	0.125	0.25	0.5	1
	2	5	10	25	50	100

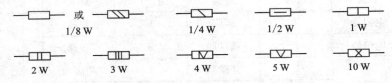

图 3 – 3　电阻额定功率值在电路图上的符号

2. 标称阻值及允许误差

标称阻值是指电阻器上标出的名义阻值，而实际阻值往往与标称阻值有一定的偏差。这个偏差与标称阻值的百分比叫做允许误差，表示产品的精度。通用电阻的标称值系列和允许误差等级如表 3 – 3 所示，任何电阻器的标称阻值都应符合表 3 – 1 所列数值乘以 $10n$ Ω，其中 n 为整数。精密电阻的误差等级有 ±0.05%、±0.2%、±0.5%、±1%、±2% 等。E24、E12 和 E6 系列也适用于电位器和电容器。

表 3 – 3　通用电阻的标称值系列

标称值系列	精度	电阻器（R）、电位器（R）、电容器（PF）标称值
E24	±5%	1.0　1.1　1.2　1.3　1.5　1.6　1.8　2.0　2.2　2.4　2.7　3.0　3.3 3.6　3.9　4.3　4.7　5.1　5.6　6.2　6.8　7.5　8.2　9.1
E12	±10%	1.0　1.2　1.5　1.8　2.2　2.7　3.3　3.9　4.7　5.6　6.8　8.2
E6	±20%	1.0　1.5　2.2　3.3　4.7　6.8　8.2

表示电阻器的标称阻值和误差的方法有直标法、色标法和文字符号法。

（1）直标法：直标法是用阿拉伯数字和单位符号在电阻表面直接标出标称阻值，其允许

26

偏差直接用百分数表示,如图 3 - 4 所示。

(2)文字符号法:将需要标志出的主要参数与技术性能用文字、数字符号两者有规律地组合起来标志在电阻器上,如图 3 - 5 所示。符号前面的数字表示整数阻值,后面的数字依次表示第一位小数阻值和第二位小数阻值。如 1R5 表示 1.5 Ω。表示阻值的文字符号:Ω、K(10^3)、M(10^6)、G(10^9)、T(10^{12})。

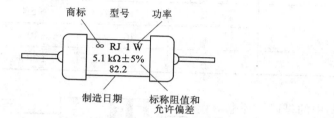

图 3 - 4　标称阻值的直标法

图 3 - 5　标称阻值的文字符号法

普通电阻精度分为 ±5% 、±10% 、±20% 三种,表明 Ⅰ(J)、Ⅱ(K)、Ⅲ(M)符号。精密电阻的精度等级,可用不同符号表明,见表 3 - 4。如电阻 1K5 J,表示精度为 ±5% 的 1.5 kΩ 电阻。

表 3 - 4　电阻的精度符号

±%	0.001	0.002	0.01	0.01	0.02	0.1	0.1	0.2	0.5	1	2	5	10	20
符号	E	X	Y	H	U	W	B	C	D	F	G	J	K	M

(3)色标法(色环表示法):是用不同颜色的带或点在电阻表面标出阻值和允许偏差。其中又有 4 环和 5 环之分,4 环电阻误差比 5 环电阻要大,一般用于普通电子产品上,而 5 环电阻一般都是金属氧化膜电阻,主要用于精密设备或仪器上,表 3 - 5 表示的是各色环颜色所代表的含义。色环法表示的电阻值一律是欧姆。

表 3 - 5　色环颜色所代表的含义

颜色	第一环	第二环	第三环	乘数	误差
棕	1	1	1	10^1	±1%
红	2	2	2	10^2	±2%
橙	3	3	3	10^3	
黄	4	4	4	10^4	
绿	5	5	5	10^5	±0.5%
蓝	6	6	6	10^6	±0.25%
紫	7	7	7	10^7	±0.10%

颜色	第一环	第二环	第三环	乘数	误差
灰	8	8	8	10^8	±0.05%
白	9	9	9	10^9	
黑	0	0	0	10^0	
金				10^{-1}	±5%
银				10^{-2}	±10%
无					±20%

图 3 – 6 为电阻器色标示例。图中的是以 4 环电阻为例，5 环电阻的读数方法和 4 环电阻类似，前 3 环为电阻的有效数字，第 4 环为电阻值有效数字后 0 的个数，第 5 环为电阻值精度。如无特殊工艺要求，普通 4 环电阻一般都是用金、银两种颜色表示精度，5 环电阻一般用棕色表示精度。

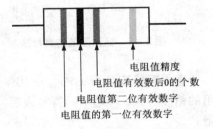

电阻值精度
电阻值有效数后0的个数
电阻值第二位有效数字
电阻值的第一位有效数字

图 3 – 6　电阻器色标示例

电阻的 4 个色环颜色依次为：

黄、紫、橙、金——表示 47 kΩ ±5% 的电阻，

棕、绿、绿、银——表示 1.5 MΩ ±10% 的电阻。

电阻的 5 个色环颜色依次为：

棕、黑、黑、黑、棕——表示 100 Ω ±1% 的电阻，

紫、绿、黄、金、蓝——表示 75 kΩ ±0.2% 的电阻。

(4)LL 电阻的标注方法：

a. 三位数字标注法：前两位数为有效数字，第三位为有效数字后 0 的个数。例如 753，75 为有效数字，3 为加 0 的个数，753 即为 75000 Ω，即阻值为 75 kΩ。

b. 两位数字后加 R 标注法：前两位数为有效数字，R 为两位数字间的小数点。例如 10R，前两位数字为 10，R 表示数字 1 和 0 之间的小数点，即阻值为 1.0 Ω。

c. 两位数字中加 R 标注法：第一位和第三位数字表示有效数字，中间的 R 字母表示两位数字之间的小数点。例如 5R1，有效数字为 51，R 表示小数点，即阻值为 5.1 Ω。

3. 温度系数

电阻器的温度系数表示电阻器的稳定性随温度变化的特性，温度系数越大，其稳定性越差。温度系数有两种类型，一种是正温度系数型，另一种是负温度系数型。

4. 电压系数

电压系数指外加电压每改变 1 V 时，电阻器阻值相对的变化量。电压系数越大，电阻器对电压的依赖性越强。

5. 极限电压

两端电压加高到一定值时，电阻会发生电击穿使其损坏，这个电压值叫做电阻的极限电压。极限电压无法根据简单的公式计算出来，它取决于电阻的外形尺寸及工艺结构。

3.1.3 几种常用电阻器

1. 碳膜电阻

碳膜电阻是由碳氢化合物在真空中通过高温蒸发分解，在陶瓷骨架表面上沉积成碳结晶导电膜制成，其外形与结构如图 3-7 所示。它是应用最广泛的电阻器之一，阻值范围（10 Ω~10 MΩ），其温度系数为负值，即温度升高时，电阻值减小。碳膜电阻的精度较低，最高只能做到 ±5%。

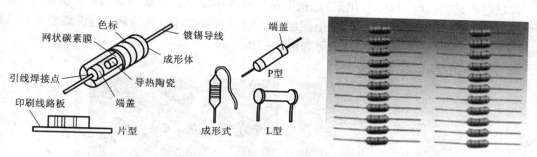

图 3-7 碳膜电阻的外形与结构

2. 金属膜电阻

金属膜电阻是在陶瓷骨架表面，经真空高温或烧渗工艺蒸发沉积一层金属膜或合金膜制成，其外形与结构如图 3-8 所示。金属膜电阻的特点是体积小、精度高、耐高温、高频特性好，故广泛应用在精密仪器仪表等电子产品中，其精度最高为 ±2%。金属膜电阻的温度系数为正值，即温度升高时，电阻值随之增大。

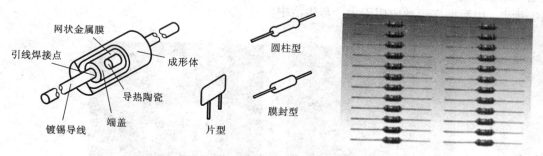

图 3-8 金属膜电阻的外形与结构

3. 线绕电阻

线绕电阻由外表面具有耐压绝缘层的锰钢、康铜电阻丝在陶瓷、树脂绝缘材料制成的圆柱或薄片骨架上绕制、引线、表面封装而成，其外形如图 3-9 所示。为防潮并防止线圈松动，将其外层用釉（玻璃釉或珐琅）加以保护。分为精密型和功率型两类。精密型线绕电阻特别适用于测量仪表或其他高精度的电路，而功率型线绕电阻一般用于功率电路中。由于采用绕线工艺，因而线绕电阻的自身电感和分布电容都很大，不适宜在高频电路中使用。

图 3 - 9　线绕电阻的外形

4. 片状电阻

片状电阻是在高纯陶瓷(氧化铝)基板上采用丝网印刷金属化玻璃层的方法制成的;通过改变金属化玻璃的成分,得到不同的电阻阻值。它具有体积小、重量轻、电性能稳定、机械强度高、高频特性优越等特点。其外形如图 3 - 10 所示。

图 3 - 10　片状电阻的外形

5. 热敏电阻

热敏电阻是一种对温度极为敏感的电阻器,其外形如图 3 - 11 所示,分为正温度系数和负温度系数两种。热敏电阻具有体积小、灵敏度高、工作温度范围宽、稳定性好、过载能力强等优点,因而被广泛地应用于生产与生活中。

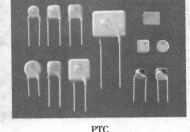

NTC　　　　　　　　　　　　PTC

图 3 - 11　热敏电阻的外形

负温度系数的热敏电阻(简称 NTC)一般采用过渡金属氧化混合物,如采用锰、镍、钴、铜或铁的氯化物按一定比例混合后,在拟订的工艺条件下压制而成。NTC 的阻值在常温下呈现高阻状态,当所感受的环境温度升高或通过的电流增大时,其阻值会逐渐下降至几十欧姆甚至几欧;其额定功率小,因而不能承受过大电流,一般多用在以感温为主的温度测量与温度控制电路当中。

正温度系数的热敏电阻(简称 PTC)是一种以钛酸钡为主要材料,加上微量的铌、钛、铝等化合物,采用专用设备高温制造而成的。PTC 和 NTC 的性质刚好相反,因而一般用于各种电路的过载保护,也可作为发热元件用于加热保温设备中。

6. 光敏电阻

光敏电阻分可见光光敏电阻和不可见光光敏电阻,其外形与结构如图 3 – 12 所示。光敏电阻的作用原理均相同,只不过所选用的光敏半导体材料不同而已。常用的制作材料为硫化镉,另外还有硒、硫化铝、硫化铅和硫化铋等材料。这些制作材料具有在特定波长的光照射下,其阻值迅速减小的特性。这是由于光照产生的载流子都参与到飘移运动,在外加电场的作用下作漂移运动,电子奔向电源的正极,空穴奔向电源的负极,从而使光敏电阻器的阻值迅速下降。光敏电阻器一般用于光的测量、光的控制和光电转换(将光的变化转换为电的变化)。

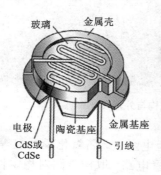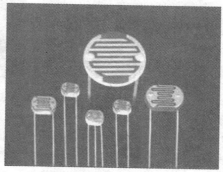

图 3 – 12　光敏电阻的外形与结构

7. 电位器

电位器是指电阻值可任意调整的电阻器,它是由一个电阻体和一个转动或滑动系统组成,其结构与外形如图 3 – 13 所示。当电阻体的两个固定触点之间外加一个电压时,通过转动或滑动系统改变触点在电阻体上的位置,在动触点与固定触点之间便可得到一个与动触点位置成一定关系的电压。电位器在电路中常用于电位调整、无级分压、增益调节、音量控制、音质调节等。近几年来,电位器发展较快,品种也较多,一些新型、超小型、微量调节、多圈、多联、函数规律变化的电位器元件不断涌现。

3.1.4　电阻器的选用与测试

1. 电阻器的选用原则

(1)首选通用电阻器:通用电阻器种类较多、规格齐全、生产批量大,阻值范围、外观形状、体积大小都有挑选的余地,便于采购和维修。

(2)正确选择电阻器的阻值和误差:所用电阻器的标称阻值与所需电阻器阻值差值越小越好;电阻的误差尽量小。

(3)注意电阻器的极限参数:额定电压和额定功率。实际电压不能超过额定电压,额定功率应大于实际承受功率的两倍以上。

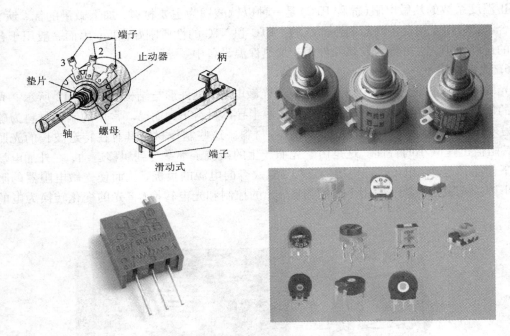

图 3 – 13　电位器的结构与外形

（4）根据电路特点选用：高频电路应选用金属膜电阻、金属氧化膜电阻等高频电阻；低频电路一般用线绕电阻或碳膜电阻；功放电路、偏置电路、取样电路对稳定性要求比较高，一般采用温度系数小的电阻器；退耦电路、滤波电路对阻值变化没有严格要求，任何类电阻器都适用。

2. 电阻器的测量

测量电阻的方法很多，可用欧姆表、电阻电桥和数字欧姆表直接测量，也可根据欧姆定律计算出电阻值。特别要指出，在测量电阻时，不能用双手同时握住电阻或测试笔，否则，人体电阻将会与被测电阻并联在一起，表头上指示的数值就不指示被测电阻的阻值。

3.2　电容器

电容是表征电容器容纳电荷的本领的物理量。当非导电体的两个相对表面保持某一电位差时，由于电荷移动的结果，能量便能够贮存在该非导电体之中，这种能够容纳电荷本领的容器，我们就称之为电容器。电容器的两极板间的电势差增加 1 V 所需的电量，叫做电容器的容量，电容容量的大小就是表示能贮存电荷的能力的大小。

3.2.1　分类及命名方法

1. 分类

电容器的种类很多，按结构不同，可分为固定电容器、半可变电容器和可变电容器；按介质不同，可分为空气介质电容器、固体介质（云母、独石、陶瓷、涤纶等）电容和电解电容。具体分类见图 3 – 14 所示。

2. 型号命名方法

根据国家标准，电容器型号的命名由四部分内容组成。其中第三部分作为补充，说明电容器的某些特征。如无说明，则只需要三部分组成，即两个字母一个数字。大多数电容器的型号都由三部分内容组成，如图 3 – 15 所示。具体命名方法见表 3 – 6 所示。

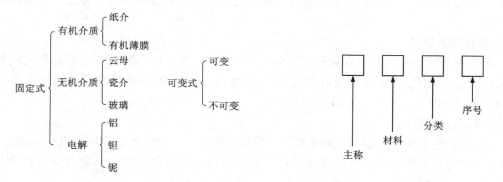

图 3 – 14　电容器的分类　　　　　　　图 3 – 15　电容器的型号命名方法

表 3 – 6　电容器的具体型号命名

第一部分		第二部分		第三部分		第四部分	
用字母表示主称		用字母表示材料		用数字或字母表示分类		用数字表示序号	
符号	意义	符号	意义	符号	意义	符号	意义
C	电容器	C	瓷介	W	微调		
		Y	云母				
		I	玻璃釉				
		O	玻璃（膜）				
		B	聚苯乙烯				
		F	聚四氟乙烯				
		L	涤纶				
		S	聚碳酸酯				
		Q	漆膜	J	金属膜		
		Z	纸介				
		J	金属化纸介				
		H	混合纸介				
		D	铝电解				
		A	钽电解				
		N	铌电解				
		T	钛电解				

3.2.2 电容器的主要技术指标

1. 额定电压

能够保证长期工作而不致击穿电容器的最大电压称为电容器的额定电压。一般直接标注在电容器的外壳上，如果工作电压超过电容器的额定电压，电容器被击穿，会造成不可修复的永久损害。

2. 标称容量及误差

电容的外壳表面上标出的电容量值，称为电容的标称容量。标称容量与实际容量之间的偏差与标称容量之比的百分数称为电容器的允许误差。常用电容的允许误差有 ±0.5%、±1%、±2%、±5%、±10%、±20%。

容量的标志方法有以下几种：

(1)直标法：把电容器的型号、规格用阿拉伯数字和单位符号在产品表面上直接标出。

(2)文字符号法：将容量的整数部分写在容量单位标志符号的前面，小数部分放在容量单位符号的后面。如 0.68 pF 标志位 p68，4.7 pF 可标志为 4p7。

(3)色标法：和电阻的表示方法相同，单位一般为 pF。色标的位置靠近正极引出线的根部，所表示的意义如表 3-7 所示。

表 3-7 颜色所表示的耐压值

颜色	黑	棕	红	橙	黄	绿	蓝	紫	灰
耐压	4 V	6.3 V	10 V	16 V	25 V	32 V	40 V	50 V	63 V

(4)数字表示法：三位数字的表示法也称电容量的数码表示法。三位数字的前两位数字为标称容量的有效数字，第三位数字表示有效数字后面零的个数，单位是 pF。在这种表示法中有一个特殊情况，就是当第三位数字用"9"表示时，是用有效数字乘上 10^{-1} 来表示容量大小。如 103 表示标称容量为 10000 pF，489 表示的标称容量为 4.8 pF。

3. 温度系数

电容器的温度系数表示电容量随温度改变而变化，大部分电容器的温度系数为正值，个别电容器(如瓷介电容器)的温度系数为负值。电容器介质的绝缘性能会随着温度的增加而下降，并使损耗增加。云母及瓷介电容器的稳定性最好，温度系数可达 $10^{-4}/℃$ 数量级，铝电解电容器的温度系数最大，可达 $10^{-2}/℃$。

4. 绝缘电阻

电容的绝缘电阻表征电容器的漏电性能，在数值上等于加在电容器两端的电压除以漏电流。绝缘电阻越大，漏电流越小，电容器的质量越好。品质优良的电容器具有较高的绝缘电阻，一般都在兆欧级别以上。电解电容的绝缘电阻一般较低，漏电流较大。

5. 损耗

电容器在电场作用下，在单位时间内因发热所消耗的能量叫做损耗。电容器的损耗主要由介质损耗、电导损耗和电容器所有金属部分的电阻所引起，各类电容器都规定了其在某频率范围内的损耗允许值。

6. 频率特性

随着频率的上升，一般电容器的电容量呈现下降的规律，损耗也随着频率的升高而增加。此外，在高频工作时，电容器的分布参数，如极片电阻、极片的自身电感、引线和极片间的电阻、引线电感等，都会影响电容器的性能。不同品种的电容器，最高使用频率也不同。如小型云母电容器在 250 MHz 以内；圆片型瓷介电容器为 300 MHz；圆管型瓷介电容器为 200 MHz；圆盘型瓷介电容器可达 3000 MHz；小型纸介电容器为 80 MHz；中型纸介电容器只有 8 MHz。

3.2.3　几种常用电容器

1. 铝电解电容

铝电解电容是以极薄的氧化铝作为介质，在作为电极的两条等长、等宽的铝箔之间夹电解物质，经卷制、封装而成。铝电解电容的结构如图 3-16 所示。铝电解电容结构比较简单，最突出的优点是容量大。因氧化铝膜的介电常数较小，使得铝电解电容存在漏电大、耐压低、频响低等缺点。但在应用领域，铝电解电容仍在低、中频电源滤波、退耦、储电能、信号耦合电路中占主角。其外形如图 3-17 所示。

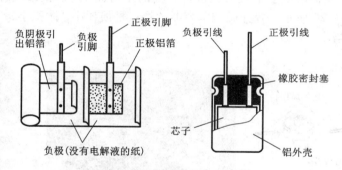

图 3-16　铝电解电容的内部结构

图 3-17　常用铝电解电容外形

2. 瓷介电容器

瓷介电容器是一种高介电常数、低损耗的陶瓷材料为介质，并在表面烧渗上银层作为电机的电容器。常用瓷介电容器外型如图 3-18 所示。其优点是体积小、损耗小、温度系数小、绝缘性能好，可工作在超高频范围，适合作温度补偿电容。缺点是机械强度低、容量较小、稳定性较差、耐压不高。主要用于旁路电容、电源滤波等场合。

3. 纸介电容器

其电极用铅箔或锡箔，绝缘介质是浸蜡的纸。优点是容量大而体积小。缺点是化学稳定性差、易老化、吸湿性大，要密封。工作温度一般只能 85℃ 以下。主要用于低频电路的旁路和隔直。

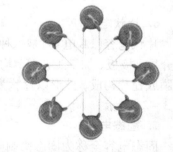

图 3-18　常用瓷介电容器外形

4. 云母电容器

用金属箔或者在云母片上喷涂银层做的电极板，极板和云母一层一层叠合后，再压铸在胶木粉或封固在环氧树脂中制成，其外形如图 3 – 19 所示。云母电容器的特点是介质损耗小，绝缘电阻大，温度系数小，是性能优良的高频电容之一，广泛应用于对电容的稳定性和可靠性要求高的场合，如无线电接发设备，精密电子仪器，小家电等。

图 3 – 19　云母电容器的外形

5. 瓷介微调电容器

瓷介微调电容器由上下两片被镀银瓷片构成，下片作为定片，上片作为动片。被镀银层作为微调电容的极板，位于上下被镀银层中间的陶瓷片作为介质。同样，瓷介微调电容器的调节钉被旋动时，联动动片同步旋转，从而改变上下被镀银极板之间的正对面积，达到改变电容容量的目的，其结构、外形如图 3 – 20 所示。瓷介微调电容器的特点是损耗小、体积小，一般应用在精密谐振的高频振荡回路当中。

图 3 – 20　瓷介微调电容器的结构与外形

6. 片状电容

片状电容（LL 电容）是一种小型无引线电容，其电容的介质、极板、加工工艺等，均很精密。其介质主要由有机膜或瓷片构成，外形以片状为多见，也有圆柱形的，如图 3 – 21 所示。

图 3 – 21　片状电容的外形

7. 固态电容

固态电容全称为固态铝制电解电容。它与普通铝电解电容的最大差别在于采用了不同的介电材料，液态铝电容介电材料为电解液，而固态电容的介电材料为导电高分子，其外形如图 3 – 22 所示。

固态电容采用导电性高分子作为介电材料，该材料不会与氧化铝发生反应，通电后不至于发生爆炸的现象；又因为它为固态产品，自然也就不存在由于受热膨胀导致爆裂的情况了。

固态电容具有环保、阻抗低、高低温稳定等特性，是目前电解电容产品中最高级的产品。由于固态电容特性远优于普通铝电容，其耐温达260℃，且导电性、频率特性及寿命均佳，使得其应用越来越"平民化"，不仅仅只是用在要求苛刻的电子仪器和工业计算机上了。

图 3 – 22　固态电容外形

3.2.4　电容器的选用与测试

1. 电容器的选用原则

在电子产品中，电容器是必不可少的电子元器件。由于电容器的类型和结构种类比较多，因此，使用者不仅需要了解各类电容器的性能指标和一般特性，而且还必须了解在给定用途下各种元件的优缺点、机械或环境的限制条件等。在选用时应遵循以下原则：

（1）选择合适的类型：一般在低频耦合活旁路、电气特性要求较低时，可选用纸介、涤纶电容器；在高频电路中，应选用云母电容器和瓷介电容器；在电源滤波和退耦电路中，一般选用电解电容器。

（2）合理选择电容器的精度：在旁路、退耦及低频耦合电路中，可根据设计值，选用相近容量或容量略大的电容器。在振荡回路、延时回路、音量控制电路中，电容器的容量应尽可能和计算值一致。在各种滤波器和网络中，应选用高精度的电容器来满足电路的要求。

（3）确定电容器的额定工作电压：对一般电路，电路的工作电压应为电容器额定电压的10%～20%；当有脉动电压时，工作电压应为脉动的最高电压。当应用于交流时，额定电压随频率的增加而要相应增大。当温度环境比较高时，额定电压还要选用更大的。

（4）尽量选择绝缘电阻大的电容器：绝缘电阻越小的电容器，其漏电流就越大，漏电流不仅损耗了电路中的电能，而且它会导致电路工作失常或降低电路的性能。因此，在选用电容器时，应选择绝缘电阻足够高的电容器，特别是在高温和高压的条件下工作时。此外，作为电桥电路中的桥臂、运算元件等场合，绝缘电阻的高低将影响测量、运算等的精度；在滤波器的中频回路、振荡回路等电路中，要求损耗尽可能小，这样可以调高回路的品质因数，改善电路的性能。

（5）考虑温度系数和频率特性：电容器的温度系数越大，其容量随温度的变化越大，这在很多电路中是不允许的。因此振荡电路中的振荡回路元件、移相网络元件及滤波器，应选用温度系数小的电容器，以确保其能稳定工作。在高频应用时，由于电容器自身电感、引线电感和高频损耗的影响，电容器的性能会变差，如纸介电容器的分布电感会使高频放大器产生超高频寄生反馈，使电路不能工作。因为选用高频电路的电容器时，一要注意电容器的频率参数，二是使用中注意电容器的引线不能留得过长，以减小引线电感对电路的不良影响。

（6）注意使用环境：使用环境的好坏，直接影响电容器的性能和寿命。在工作温度较高的环境中，电容器容易产生漏电并加速老化，因此尽可能使用温度系数小的电容器，并远离热源和改善机内通风散热。在寒冷条件下，普通电解电容会因电解液结冰而失效，使设备工作时间长，因此必须使用耐寒的电解电容。在多风沙条件下或湿度较大的环境下工作时，则应选用密封型电容器，以提高设备的防尘抗潮性能。

2. 电容器的测量

常用的电容器检测仪器有电容测试仪、交流电桥、Q表(谐振法)和万用表。

下面介绍利用万用表的欧姆挡对电容器进行简单测试的方法。

将万用表置于 R×1 K 或 R×100 挡，用黑表笔接回电容器的正极，红表笔接电容器的负极，若表针摆动大且返回慢，返回位置接近∞，说明该电容正常；若表针摆动大，但返回时，表针显示的 Ω 值较小，说明该电容器漏电流较大；若表针摆动很大，接近于 0 且不返回，说明该电容已击穿；若表针不摆动，说明该电路已开路，失效。如电容容量很小，一般需要打到 R×10 K 挡测量。

一些耐压较低的电解电容器，如果正、负引线标志不清时，可根据它的正接时漏电流小，反接时漏电流大的特性来判断。具体方法是：用红、黑标记接触电容器的两引线，记住漏电流的大小，然后把该电容器的正、负引线短接一下，将红黑表笔对调后再测漏电流，以漏电流小的示值为标准进行判断，与黑表笔相接的引线为电容器的正端。

3.3 电感器

电感器又称电感线圈，是用漆包线在绝缘骨架上绕制而成的一种能储存磁场能量的电子元器件。电感器有通直流、阻交流，通低频、阻高频的特性，广泛应用于各种电子设备的滤波、扼流、振荡、延时等电路中。

3.3.1 电感器的分类及命名方法

1. 分类

电感的种类繁多，按电感值分可分为固定电感、可变电感；按导磁体性质可分为空心线圈、铁氧体线圈、铁芯线圈、铜芯线圈；按工作性质可分为天线线圈、振荡线圈、扼流线圈、陷波线圈及偏转线圈；按线绕结构可分为单层线圈、多层线圈、蜂房式线圈。

2. 命名方法

电感器的型号一般由下列四部分组成，见图 3-23 所示：

(1)主称，用字母表示，其中 L 代表电感线圈，ZL 代表阻流圈；

(2)特征，用字母表示，其中 G 代表高频；

(3)型式，用字母表示，其中 X 代表小型；

(4)区别代号，用数字或字母表示。

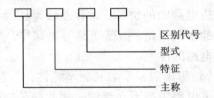

区别代号
型式
特征
主称

图 3-23 电感器的型号命名

如：LGX 型为小型高频电感线圈。应指出的是，目前固定电感线圈的型号命名方法各生产厂有所不同，尚无统一的标准。

3.3.2 电感器的主要技术指标

1. 电感量

电感量的单位是亨利，用字母"H"表示，是电感量的基本单位。当通过线圈的电流每秒钟变化 1A 所产生的感应电动势是 1 V 时，这时线圈的电感是 1H。线圈电感量的大小，主要取决于线圈的圈数、线绕方式及磁芯材料等。线圈圈数越多,绕制的线圈越密集,电感量越大;线圈内有磁芯的电感量比无磁芯的大,磁芯导磁率越大,电感量越大。

2. 固有电容

电感线圈的各层、各匝之间、绕组与底板之间都存在着分布电容,统称为电感器的固有电容。电感线圈的固有电容是十分有害的。在其制造中,必须尽可能地减少固有电容。

减少分布电容的有效措施:

(1)减少骨架直径;

(2)在满足电流密度的前提下尽可能地选用细一些的漆包铜线;

(3)充分利用可用绕线空间对线圈进行间绕法绕制;

(4)采用多股蜂房式线圈。

3. 电感的固有频率

电感线圈的等效电路如图 3 – 24 所示。从电感线圈的等效电路可见,除有固有电容 C_L 外,还具有直流电阻 R_L。电感线圈工作在直流、低频时,电阻 R 对线圈的正常工作影响不大,可以忽略;电容 C 因频率很低时容抗很小,也可以忽略,此时电感线圈可视为一个理想的电感。

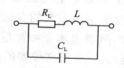

图 3 – 24 电感线圈等效电路

当工作频率提高后,电阻 R 与固有电容 C 的影响作用就逐步明显起来了。当工作频率提高到某一值时,固有电容的容抗 X_C 与电感的感抗 X_L 相等时,电感线圈自身就会出现谐振现象,此时的谐振频率 f_0 为该电感线圈的固有频率,其计算表达式为

$$f_0 = \frac{1}{2\pi\sqrt{LCL}}$$

式中,f_0 为电感的固有频率;L 为电感线圈的电感量;C_L 为电感线圈的固有电容。

4. 品质因数

品质因数是衡量电感线圈质量的重要参数,用字母 Q 表示。Q 值的大小表明了线圈损耗的大小,Q 值越大,线圈的损耗就越小;反之就越大。品质因数 Q 在数值上等于线圈在某一频率的交流电压下工作时,线圈所呈现的感抗和线圈直流电阻的比值,即

$$Q = \frac{\omega L}{r}$$

式中,ω 为工作角频率;L 为线圈的电感量;r 为线圈的直流电阻。

为提高电感线圈的品质因数,可以采用镀银导线、多股绝缘线绕制线匝,使用高频陶瓷骨架及磁芯(提高磁通量)。

5. 额定电流

也叫标称电流值,是指电感线圈中允许通过的最大电流。若工作电流大于额定电流,线圈就会发热而改变其原有参数,甚至被烧毁。

6. 稳定性

稳定性指线圈参数随环境条件变化而变化的程度。线圈在使用过程当中产生几何变形、温度变化引起的固有电容和漏电损耗增加,都影响电感器的稳定性。温度对电感量的影响,主要是由于导线受热膨胀,使线圈产生几何变形而引起的。为减小这一影响,可以采用热绕法或烧渗法,保证线圈不变形;湿度增大时,线圈的固有电容和漏电损耗增加,也会降低线

圈的稳定性。改进的方法是做防潮处理，减少湿度对线圈参数的影响，就可确保线圈工作的稳定性。

3.3.3　几种常用电感器

1. 单层电感器

也叫单层空心线圈，是用绝缘导线一圈接一圈地绕成的。其外形如图 3 - 25 所示，线圈可以绕在纸筒、塑料骨架或胶木骨架上，也可以无骨架绕制。绕制的方式可采用密绕和间绕，间绕线圈每匝都相距一定的距离，所以它的分布电容小。若采用粗导线绕制，可获得高 Q 值（150 ～ 400）和高稳定性。对电感值大于 15 pH 的线圈采用密绕，密绕线圈体积小，但它的匝间电容较大，使 Q 值和稳定性下降。

2. 带磁芯的电感线圈

为了得到较大的电感量，电感器往往要绕较多的匝数，而采用线径较粗的导线来绕制，这样不但增加体积和重量，而且加大了成本。因此，人们常在电感线圈中插入铁氧化体磁芯或者铁芯，来提高线圈的电感量和品质因素。其外形如图 3 - 26 所示。

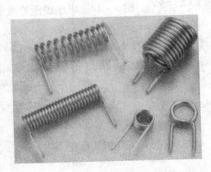

图 3 - 25　单层电感器的外形

图 3 - 26　带磁芯的电感线圈的外形

3. 阻流圈

阻流圈又称为扼流圈，它是用来限制交流信号通过的线圈。阻流圈分为高频阻流圈和低频阻流圈，图 3 - 27 为一个高频阻流圈。

4. 蜂房式线圈

蜂房式线圈是将导线以一定的偏转角在骨架上缠绕而成，外形如图 3 - 28 所示，它的优点是体积小、分布电容小、电感量大。导线旋转一圈来回弯折的次数，称为折点数。折点数越多，分布电容越小。

图 3 - 27　高频扼流圈的外形

图 3 - 28　蜂房式线圈的外形

5. 贴片电感

　　贴片电感又称为功率电感，外形如图 3 - 29 所示，具有小型化、高品质、高能量储存和低电阻之特性。主要应用于电脑显示板卡，笔记本电脑，脉冲记忆程序设计。可提供卷轴包装，适用于表面自动贴装。

3.3.4　电感器的选用与测试

1. 选用原则

　　在选电感器时，首先要明确其使用频率范

图 3 - 29　贴片电感的外形

围，铁芯线圈只能用于低频电路，铁氧体线圈、空芯线圈一般用于高频电路；其次要弄清线圈的电感量和适用的电压范围。

2. 检测方法

　　首先从外观上检查，看线圈是否松散、发霉，引脚有否折断、生锈。如果想准确地检测电感线圈的电感量和品质因素 Q，一般均需要专门的检测仪器，而且测试方法较为复杂。

　　在实际工作中，一般是进行线圈的通断检查和 Q 值的大小判断。先用万用表电阻挡测量线圈的直流电阻，再与原确定阻值或标称阻值相较，如果测量的阻值比原确定阻值或标称阻值增大许多，甚至指针不动(阻值趋向无穷大)，可判断线圈内或线圈与引出线已经短路；若所测阻值比原确定阻值或标称阻值小很多，可判断线圈内有局部短路；若电阻为零，可判断线圈被完全短路。以上三种情况出现，可以判定此线圈是坏的，不能用。如果检测电阻与原确定阻值或标称阻值相差不大，可判定此线圈是好的。在这种情况下，我们就可根据以下几种情况，去判断线圈的质量(Q 值的大小)：线圈的电感量相同时，其直流电阻越小，Q 值越高；所用导线的直径越大，其 Q 值越大；若采用多股线绕制时，导线的股数越多，Q 值越高；线圈骨架所用材料的损耗越小，其 Q 值越高。

　　具有金属屏蔽罩的线圈，还需测量它的线圈和屏蔽罩之间是否短路。有磁芯的可调电感线圈要求磁芯的螺纹要配合好，既要轻松，又不滑牙。为防止线圈与磁芯发生击穿现象，两者之间的绝缘应符合要求，在使用前还应进行线圈与磁芯之间绝缘电阻的检测。线圈的断线大部分是因为受潮发霉或拗折断的，一般的故障多数发生在线圈出头的焊接点上或经常拗扭的地方。

3.4　变压器

　　变压器在电路中可变换电压、电流和阻抗，起传输能量和传递交流信号的作用，它是利用互感应原理制成的，一般用来完成升压、降压、阻抗变换及耦合等功能。

3.4.1　变压器的分类及命名方法

1. 变压器的分类

　　变压器的种类很多，按相数分可分为单相变压器、三相变压器；按用途分可分为电源变压器、仪用变压器、试验变压器、特种变压器等。一般来说，常见的有电源变压器、输入/输出变压器、中频变压器等。

2. 变压器的型号命名方法

由于工作频率及用途的不同，不同类型的变压器的型号命名方法也不完全一样，通常由表示相数、冷却方式、调压方式、绕组线芯等材料的符号，以及变压器容量、额定电压、绕组连接方式组成。

3.4.2 变压器的主要技术指标

变压器在规定的使用环境和运行条件下，主要技术数据一般都标注在变压器的铭牌上，由于不同类型的变压器都有相应的技术要求，因而铭牌上标注的内容也会有差异。如电源变压器的主要技术参数有额定功率、额定电压和电压比、额定频率、工作温度等级、温升、电压调整率、绝缘性能和防潮性能，对于一般低频变压器的主要技术参数有变压比、频率特性、非线性失真、磁屏蔽和静电屏蔽、效率等。

1. 额定电压

变压器长时间运行时所能承受的工作电压。为适应电网电压变化的需要，变压器高压侧都有分接抽头，通过调整高压绕组匝数来调节低压侧输出电压。

2. 额定电流

变压器在额定容量下，允许长期通过的电流。

3. 负载损耗

把变压器的次级绕组短路，在初级绕组额定分接位置上通入额定电流时变压器所消耗的功率。

4. 空载损耗

以额定频率的额定电压施加在一个绕组的端子上，其余绕组开路时所吸取的有功功率，与铁芯硅钢片性能及制造工艺和施加的电压有关。

5. 阻抗电压

把变压器的次级绕组短路，在初级绕组慢慢升高电压，当次级绕组的短路电流等于额定值时，此时初级侧所施加的电压，一般以额定电压的百分数表示。

6. 相数和频率

三相开头以 S 表示，单相开头以 D 表示。中国国家标准频率为 50 Hz，国外有 60 Hz。

7. 温升与冷却

变压器绕组或上层油温与变压器周围环境的温度之差，称为绕组或上层油面的温升。油浸式变压器绕组温升限值为 65 K、油面温升为 55 K。冷却方式也有多种：油浸自冷、强迫风冷、水冷等。

8. 绝缘电阻

为确保变压器安全使用，要求变压器各线圈间、线圈与铁芯间应具有良好的绝缘性能，能够在一定时间内承受比工作电压更高的电压而不被击穿，要求变压器具有较大的抗电强度。变压器的绝缘电阻包括各绕组之间的绝缘电阻，绕组与铁芯之间的绝缘电阻，各绕组与屏蔽层的绝缘电阻。变压器的绝缘电阻越大，性能越稳定。变压器如果受潮或过热工作，绝缘电阻都将大大降低，所以应保持其工作环境散热通风。

3.4.3 变压器的选用与测试

1. 变压器的选用

变压器的选择，首要考虑因素就是其容量。变压器容量的选择是一个全面、综合性的技术问题，与负荷种类和特性、负荷率、需要率、功率因数、变压器有功损耗和无功损耗、电价、基建投资、使用年限、变压器折旧、维护费以及将来的计划等因数有关。

变压器容量的基本估算主要有以下三种方面：

（1）利用计算负荷法估算：先求出变压器所要供电的总计算负荷，然后按照公式估算，公式为：变压器总容量 = 总计算负荷 + 将来的增容裕量；

（2）利用最经济运行效果法估算：所选择的变压器，其最佳经济负荷和实际使用负荷相等或接近；

（3）按年电能损耗最小法选择变压器：从节能的角度来看，该方法较合理。计算结果表明，变压器容量应在使用负荷和最高经济负荷之间进行选择。该方法只考虑年电能损耗最小这一点，未考虑其他因素，因此，还是不全面的。按变压器年电能损耗最小和运行费用最低、综合考虑变压器装设的投资来确定变压器安装容量，才是经济合理的。

2. 变压器的测试

（1）外观检查。

检查线圈引线是否断线、脱焊，绝缘材料是否烧焦、有无表面破损等。

（2）空载电压测试。

将变压器初级接入电源，用万用表测量变压器次级电压。一般要求电压误差范围为设计值的 ±5%；具有中心抽头的绕组，其不对称度应小于 2%。

（3）绝缘电阻的测量。

变压器各绕组之间、绕组和铁芯之间的绝缘电阻可用 500 V 或 1000 V 兆欧表进行测量。测量前先将兆欧表进行一次开路和短路测试，具体做法是先将表的两根测试线开路，摇动手柄，此时兆欧表指针应指在零点位置；然后将两线短路一下，此时兆欧表应指在零点位置，说明兆欧表是接触良好的。

一般电源变压器和扼流圈应该用 1000 V 兆欧表测量，所测出的绝缘电阻应不小于 1000 MΩ。晶体管收音机输入、输出变压器一般用 500 V 兆欧表测量，其绝缘电阻应不小于 100 MΩ。如果没有兆欧表，也可用万用表测量，将万用表置于 R×10 kΩ 挡，测量绝缘电阻时表头指针应不动。

3.5 半导体器件

半导体器件是利用半导体材料制成的器件的总称，如半导体二极管、晶体管、半导体光电池、半导体集成电路等。导电性介于良导电体与绝缘体之间，可用作整流器、振荡器、放大器等。为了与集成电路相区别，有时也称为分立器件。

3.5.1 二极管

1. 二极管的工作原理

二极管是由一个 P 型半导体和 N 型半导体形成的 P-N 结,在其界面处两侧形成空间电荷层,并有自建电场,其结构与电路符号如图 3-30 所示。不存在外加电压时,P-N 结两边载流子浓度差引起的扩散电流

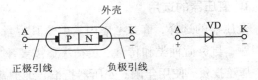

图 3-30 普通二极管的结构及电路符号

和自建电场引起的漂流电流相等。当外界有正向偏置电压时,外界电场和自建电场的互相抵消作用使载流子的扩散电流增加而产生了正向电流。当外界有反向电压偏置时,外界电场和自建电场进一步加强,形成在一定反向电压范围内的反向饱和电流。当外加的反向电压高到一定程度时,P-N 结空间电荷层中的电场强度达到临界值产生载流子的倍增过程,产生了数值很大的反向击穿电流,称为二极管的击穿现象。

二极管最重要的特性就是单向导电性。在正向电压的作用下,导通电阻很小;而在反向电压作用下导通电阻极大或无穷大。其伏安特性曲线如图 3-31 所示,图中蓝色的曲线表示的是硅管,红色曲线表示的是锗管。

2. 二极管的分类及应用

二极管种类很多,按材料分可分为锗二极管和硅二极管;按用途分有检波二极管、整流二极管、稳压二极管、开关二极管、隔离二极管、肖特基二极管、发光二极管等;按管芯结构有点接触型二极管、面接触型二极管及平面型二极管。

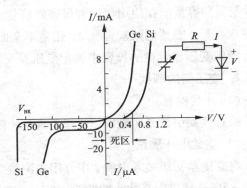

图 3-31 二极管伏安特性曲线

(1)整流二极管。

整流二极管是利用二极管的单向导电性,把方向交替变化的交流电变换成单一方向的直流电,其外形如图 3-32 所示。它是一种面接触型的二极管,工作频率低,允许通过的正向电流大,反向击穿电压高,允许的工作温度高。

整流二极管一般都是以整流桥的形式出现,整流桥的外形如图 3-33 所示,整流桥就是将整流管封在一个壳内,分全桥和半桥,全桥是将连接好的桥式整流电路

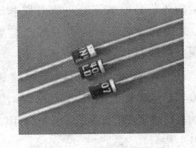

图 3-32 整流二极管的外形

的四个二极管封在一起,其电路符号及内部电路如图 3-34 所示,半桥是将两个二极管桥式整流的一半封在一起,用两个半桥可组成一个桥式整流电路,一个半桥也可以组成变压器带中心抽头的全波整流电路,如图 3-35 所示。

(2)稳压二极管。

稳压二极管又称齐纳二极管,是一种工作在反向击穿状态的特殊二极管,用于稳压(或

限压)。稳压二极管工作在反向击穿区,不管电流如何变化,稳压二极管两端的电压基本维持不变。稳压二极管的外形与整流二极管相同,在图 3 - 36 中,(a)是普通稳压管,(b)是贴片稳压二极管,(c)是稳压二极管的电路符号及伏安特性曲线。

图 3 - 33　整流桥的外形

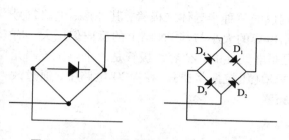

图 3 - 34　全桥组件的电路符号及内部电路

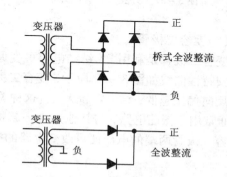

图 3 - 35　桥式全波整流和全波整流电路

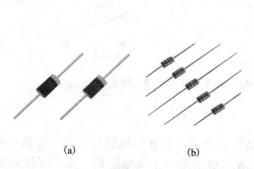

图 3 - 36　稳压管的图形符号及伏安特性曲线

(3)开关二极管。

半导体二极管导通时相当于开关闭合,截止时相当于开关打开,所以二极管可作开关用。开关二极管是专门用来做开关用的二极管,其外形如图 3 - 37 所示,它具有开关速度快、体积小、寿命长、可靠性高等特点,广泛应用于电子设备的开关电路、检波电路、高频和脉冲整流电路及自动控制电路中。

(4)肖特基二极管。

肖特基二极管属于低功耗、大电流、超高速半导体器件,其反向恢复时间可小到几纳秒,正向导通压降仅 0.4 V 左右，而整流电流却可达几千安培，其外形如图 3-38 所示。它在构造原理上与 PN 结二极管有很大区别，其缺点是反向耐压较低，一般不超过 100 V，适宜在低电压、大电流的条件下工作。

图 3-37　开关二极管的外形　　　　　　图 3-38　肖特基二极管的外形

（5）变容二极管。

变容二极管是利用 PN 结结电容可变原理制成的一种半导体二极管，其外形、电路符号及伏安特性曲线如图 3-39 所示，变容二极管结电容的大小与其 PN 结上的反向偏压大小有关。反向偏压越低，结电容越大，且这种关系是呈非线性的。变容二极管是一个电压控制元件，通常用于振荡电路，与其他元件一起构成 VCO（压控振荡器）。在 VCO 电路中，通过改变变容二极管两端的电压便可改变电路的振荡频率。

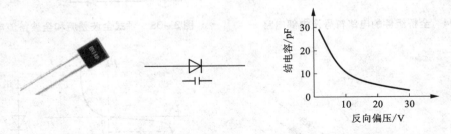

图 3-39　变容二极管的外形、电路符号及伏安特性曲线

（6）发光二极管。

发光二极管简称为 LED，它可以把电能转化为光能。发光二极管与普通二极管一样是由一个 PN 结组成，也具有单向导电性。当给发光二极管加上正向电压后，从 P 区注入到 N 区的空穴和由 N 区注入到 P 区的电子，在 PN 结附近数微米内分别与 N 区的电子和 P 区的空穴复合，产生自发辐射的荧光。不同的半导体材料中电子和空穴所处的能量状态不同，当电子和空穴复合时释放出的能量多少不同，释放出的能量越多，则发出的光的波长越短。常用的是发红光、绿光或黄光的二极管。其电路符号和外形见图 3-40。

3. 二极管的检测与替换

普通二极管一般为玻璃封装和塑料封装两种，它们的外壳上均印有型号和标记。标记箭头所指向为阴极。有的二极管上只有一个色点，有色点的一端为阳极。有的二极管上只有一个色圈，靠色圈的一端为阴极。

若遇到型号标记不清时，可以借助万用表的欧姆挡作简单判别。根据 PN 结正向导通电

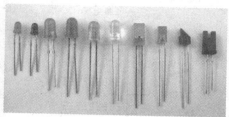

图 3 - 40　发光二极管的电路符号和外形

阻值小，反向截止电阻值很大的原理来简单确定二极管的好坏和极性。测量时，将万用表拨到 R×1 K 挡，将红、黑表笔正反两次测量二极管的两端，表头上会显示两次指示。若两次指示的阻值相差很大，说明该二极管单向导电性好，并且阻值大的那次红表笔所接的为二极管的阳极；若两次阻值相差很小或一样大，说明该二极管已损坏，以上是机械表的测量方法。如果采用的是数字万用表，则应将表盘指针指向二极管挡，用红、黑表笔正反两次测量二极管的两端，若只导通一次，说明该二极管是好的；若两次都导通或都不导通，说明该二极管已损坏。

发光二极管出厂时，两根引脚的长度会不一样，长的那个引脚表示阳极。若两根引脚一样长时，可以用辨识普通二极管的方法来判别其阳极和阴极。

当电路中的二极管发生损坏时，最好选用同型号同档次的二极管代替。如果找不到同型号的二极管，必须查清原二极管的主要参数，对于检波二极管只要工作频率满足即可；整流二极管要满足反向工作电压和最大整流电流的要求；稳压二极管一定要注意稳压电压的数值。

3.5.2　三极管

三极管又称双极型晶体管，内含两个 PN 结，三个导电区域。两个 PN 结分别称作集电结和发射结，集电结和发射结之间为基区。从三个导电区引出三根电极，分别为基极 B、集电极 C 和发射级 E。

1. 三极管的结构与符号

三极管的结构是在一个硅（或锗）片上生成三个掺杂区，一个 P 区（或 N 区）夹在两个 N 区（或 P 区）中间，分别形成两种类型的三极管：NPN 型和 PNP 型。一般来说，基区很薄且低掺杂；发射区高掺杂，其掺杂浓度远远高于基区和集电区，因此双极型三极管是不对称的。图 3 - 41 所示分别是 NPN 型和 PNP 型双极型三极管的电路符号，其中发射极上的箭头表示发射极加正向偏置电压时，发射极电流的实际方向。

2. 三极管的工作原理

根据三极管集电结和发射结所加偏置电压的不同，可以有三种工作状态（放大、截止和饱和）。每种工作状态下，PN 结的偏置状态都不同。下面以 NPN 型管为例，分析在偏置电压作用下三极管内部载流子的传输过程。分析所得到的结果对 PNP 型管同样适用，只是两者偏置电压的极性、电流方向相反。

图 3 - 42 所示为处于放大状态的 NPN 型三极管内部载流子的传输过程。

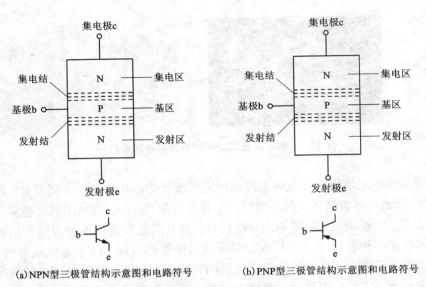

(a) NPN型三极管结构示意图和电路符号   (b) PNP型三极管结构示意图和电路符号

图3-41　两种类型三极管的结构及电路符号

（1）发射结正向偏置，载流子扩散形成发射极电流。

发射结外加正向偏置电压，形成发射结电子扩散电流 I_{EN}，其方向与电子扩散方向相反。此时，基区的多子空穴也扩散到发射区，形成空穴扩散电流 I_{EP}，方向与 I_{EN} 相同。I_{EN} 与 I_{EP} 一起构成受发射结正向电压 V_{BE} 控制的发射结电流 I_E，即

$$I_E = I_{EN} + I_{EP}$$

由于基区掺杂浓度很低，所以很小，可以认为

$$I_E = I_{EN} + I_{EP} \approx I_{EN} \qquad (3.5.1)$$

（2）载流子在基区扩散与复合，形成复合电流。

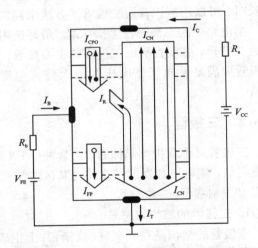

图3-42　放大状态下三极管中载流子的传输

从发射区扩散到基区的电子，在发射结边界附近浓度最高，离发射结越远浓度越低，形成了一定的浓度梯度。浓度梯度使扩散到基区的电子继续向集电结方向扩散。在扩散过程中，有一部分电子与基区的空穴复合，形成基区复合电流 I_{BN}。因为基区很薄且掺杂浓度很低，因此电子与空穴复合机会少，I_{BN} 很小，大多数电子可以扩散到集电结边界。基区被复合掉的空穴由电源 V_{BE} 从基区拉走电子，等效于向基区提供空穴来补充，使得基区的空穴浓度基本保持不变。

（3）集电结反向偏置，收集载流子形成集电极电流。

由于集电结上外加反向偏置电压，集电结的内电场被加强，不能形成多子的扩散。但是对基区扩散到集电结边缘的载流子电子有很强的吸引力，使它们很快漂移过集电结，被集电

区收集，形成电子漂移电流 I_{CN}，电流 I_{CN} 方向与电子漂移相反。从图 3 – 42 上可以看出，I_{CN} = $I_{EN} - I_{BN}$。同时，基区自身的少子电子和集电区的少子空穴也要在集电结的反向偏置电压作用下产生漂移运动，形成集电结反向漂移电流，一般称为反向饱和电流 I_{CBO}，其方向与 I_{CN} 方向一致。I_{CN} 和 I_{CBO} 一起构成集电极电流，即

$$I_C = I_{CN} + I_{CBO} \tag{3.5.2}$$

I_{CBO} 很小，对三极管的放大作用没有贡献，而且受温度影响很大，所以在制作三极管时应尽量减少 I_{CBO}。

由图 3 – 42 可以看出，基极电流为

$$I_B = I_{EP} + I_{BN} - I_{CBO} \tag{3.5.3}$$

综合前式 (3.5.1) 和式 (3.5.2)，三极管三个电极电流满足

$$I_B = I_{EP} + I_{EN} - I_{CN} - I_{CBO} = I_E - I_C \tag{3.5.4}$$

基于三极管结构上的特点，从载流子的传输过程可知，在确保发射结正向偏置、集电结反向偏置的共同作用下，由发射区扩散到基区的载流子绝大部分能被集电区收集，形成电流 I_{CN}，形成电流 I_{BN}。通常把 I_{CN} 与发射极电流 I_E 的比值定义为三极管共基极直流电流放大系数 α，即

$$\alpha = \frac{I_{CN}}{I_E} \tag{3.5.5}$$

α 表达了 I_E 转化为 I_{CN} 的能力。显然 $\alpha < 1$，但接近于 1。

将式 (3.5.5) 代入式 (3.5.2)，结合式 (3.5.4)，可得

$$I_C = \alpha(I_C + I_B) + I_{CBO} \tag{3.5.6}$$

式 (3.5.6) 整理可得

$$I_C = \frac{\alpha}{1-\alpha}I_B + \frac{1}{1-\alpha}I_{CBO} \tag{3.5.7}$$

令

$$\beta = \frac{\alpha}{1-\alpha} \tag{3.5.8}$$

则式 (3.5.7) 为

$$I_C = \beta I_B + (1+\beta)I_{CBO} \tag{3.5.9}$$

β 称为共射直流电流放大系数。式 (3.5.9) 中最后一项常用符号 I_{CBO} 表示，称为穿透电流，即

$$I_{CEO} = (1+\beta)I_{CBO} \tag{3.5.10}$$

当穿透电流 $I_{CEO} \ll I_C$ 时，由式 (3.5.9) 可得

$$\beta \approx \frac{I_C}{I_B} \tag{3.5.11}$$

即 β 近似等于 I_C 与 I_B 之比。一般三极管的 β 值从几十到几百。

3. 三极管的分类及应用

三极管的分类多种多样，按设计结构分可分为点接触型和面接触型；按工作频率分可分为高频管、低频管和开关管；按功率大小分可分为大功率、中功率和小功率；从封装形式上分可分为金属封装和塑料封装。

三极管的用途非常广泛，主要用于各类放大、开关、振幅、恒流、有源滤波等电路中。

(1) 功率三极管。

通常以最大集电流 I_{CM} 为 1 A 或最大集电极耗散功率 P_{CM} 为 1 W 作为判别功率三极管的

标准。$I_{CM} < 1$ A 或 $P_{CM} < 1$ W 为中小功率三极管，主要特点是功率小，工作电流小。$I_{CM} > 1$ A 或 $P_{CM} > 1$ W 为大功率三极管，多用于大电流、高电压的电路。

（2）开关管。

在开关电源中，除了用场效应管作为开关管以外，也有采用三极管作为开关管的，开关管由于工作电压高、电流大、发热多，是最易损坏的元件之一。

（3）达林顿管。

达林顿管又称复合管，它是将两只或更多只晶体管的集电极连在一起，将第一只晶体管的发射级直接耦合到第二只晶体管的基极，依次级联而成，最后引出 B、C、E 三个电极。达林顿管的放大倍数是各三极管放大倍数的乘积，因此其放大倍数非常高。达林顿管的作用一般是在高灵敏的放大电路中放大非常微小的信号，因此常用于功率放大器和稳压电源中。

（4）光电三极管。

光电三极管是在光电二极管的基础上发展起来的光电器件，它既能放大，又能实现光电转换，其外形如图 3 - 43 所示。光电三极管有 PNP 和 NPN 两种类型，还有普通型和达林顿型之分。光电三极管可等效为光电二极管和普通三极管的组合元件，其基极 PN 结就相当于一个光电二极管，在

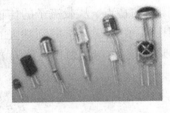

图 3 - 43　光电三极管的外形

光照下产生光电流 I_L 输入到三极管的基极进行放大，在三极管的集电极输出的光电流可达 βI_L。光电三极管主要应用于开关控制电路及逻辑电路。

（5）贴片三极管。

贴片三极管一般采用塑料封装，封装形式有 SOT、SOT23、SOT89、SOT143 等，它的基本作用是放大，可以把微弱的电信号变成一定强度的信号。SOT23 是通用的表面组装晶体管，有三条引线，功耗一般为 150 ~ 300 mW；SOT89 适合于较高功率场合，管子底部有金属散热片和集电极相连，功率一般在 0.3 ~ 2 W；SOT143 有四条引线，一般是射频晶体管或双栅场效应管。

4. 三极管的识别与测量

三极管的管脚必须正确辨识，否则，接入电路不但不能正常工作，还可能烧坏晶体管，所以应该先用万用表对三极管进行测量，以确定其管脚。

（1）判断基极 B。

用万用表 R × 100 或 R × 1 K 挡，用黑表笔接三极管的某一引脚，再用红表笔分别接另外两个引脚，如果表针指示的两次阻值都很小，该管便是 NPN 管，其中黑表笔所接的那个引脚就是基极。如果是用红表笔接三极管的某一引脚，再用黑表笔分别接另外两个引脚，如果表针指示的两次阻值都很小，则该管是 PNP 管，红表笔所接的那个引脚就是基极。

（2）判断集电极 C 和发射级 E。

对 PNP 管，将万用表置于 R × 100 或 R × 1 K 挡，红表笔接基极，黑表笔分别接触其他两个引脚时，所测得的电阻值应是一大一小。阻值小的那次，黑表笔所接的引脚为集电极 C，另一个引脚为发射极 E，如果是 NPN 管，测量及辨识方法和 PNP 管一样，只不过是黑表笔接基极，红表笔分别接触其他两个引脚。

如果用的是数字万用表，首先将指针置于二极管挡位，测量出三极管的基极，并确定是 NPN 型还是 PNP 型，然后再将指针置于 HFE 挡，将三极管的引脚插入连续的三个孔内，由于基极已确定，因此，只需要测量两次数据即可。当插入的孔所对应的 BCE 与三极管实际的 BCE 一一对应时，在屏幕上会显示一个数值，该数值就是所测量的三极管的放大倍数，即 β 值。

3.5.3　集成电路

集成电路是一种微型电子器件或部件，它是利用半导体工艺或薄膜、薄膜工艺，将一个电路中所需的晶体管、二极管、电阻、电容和电感等元件及布线互连一起，制作在一小块或几小块半导体晶体或介质基片上，然后封装在一个管壳内，成为具有特定功能的电路。这种器件打破了电路的传统概念，实现了材料、元件、电路的三位一体，具有体积小、功耗低、性能好、重量轻、可靠性高、成本低等优点。几十年来，集成电路的生产技术取得了迅速的发展，集成电路得到了极其广泛的应用。

1. 集成电路的分类

集成电路又称为 IC。

（1）按功能结构。

集成电路按功能结构可以分为模拟集成电路、数字集成电路和数/模混合集成电路三大类。

（2）按制作工艺分类。

集成电路按制作工艺可分为半导体集成电路和膜集成电路。膜集成电路又分为厚膜集成电路和薄膜集成电路。

（3）按集成度高低。

集成电路按集成度高低的不同可分为小规模集成电路（SSIC）、中规模集成电路（MSIC）、大规模集成电路（LSIC）、超大规模集成电路（VLSIC）、特大规模集成电路（ULSIC）、巨大规模集成电路（GSIC）。

（4）按导电类型不同。

集成电路按导电类型可分为双极型集成电路和单极型集成电路，它们都是数字集成电路。双极型集成电路的制作工艺复杂，功耗较大，代表集成电路有 TTL、ECL、HTL、LST-TL、STTL 等类型。单极型集成电路的制作工艺简单，功耗也较低，易于制成大规模集成电路，代表集成电路有 CMOS、MMOS、PMOS 等类型。

（5）按应用领域。

集成电路按应用领域可分为标准通用集成电路和专用集成电路。

（6）按外形。

集成电路按外形可分为圆形、扁平型和双列直插型。

2. 集成电路封装形式

半导体集成电路的封装形式多种多样，按封装材料大致可分为金属、陶瓷、塑料封装。图 3-44 为集成电路的外形。

3. 集成电路的检测常识

（1）检查和维修集成电路前首先要熟悉所用集成电路的功能、内部电路、主要电气参数、

图 3-44　常见集成电路的外形

各引脚的作用以及引脚的正常电压、波形与外围元件组成的工作原理。

（2）严禁用外壳已接地的仪器设备直接测试无电源隔离变压器的电视、音响、录像等设备。虽然一般的收录机都具有电源变压器，当接触到较特殊的尤其是输出功率较大或对采用的电源性质不太了解的电视或音响设备时，首先要弄清该机底盘是否带电，否则极易与底板带电的电视、音响等设备造成电源短路，波及集成电路，造成故障的进一步扩大。

（3）电压测量或用示波器探头测试波形时，避免造成引脚间短路，最好在与引脚直接连通的外围印刷电路上进行测量，任何瞬间的短路都容易损坏集成电路，尤其在测试扁平型封装的 CMOS 集成电路时更要加倍小心。

（4）不允许带电使用烙铁焊接，要确认烙铁不带电，最好把烙铁的外壳接地，对 MOS 电路更应小心，能采用 6~8 V 的低压电烙铁就更安全。

（5）焊接时确实焊牢，焊锡的堆积、气孔容易造成虚焊。焊接时间一般不超过 3 秒钟，烙铁的功率应用内热式 25 W 左右。已焊接好的集成电路要仔细查看，最好用欧姆表测量各引脚间有否短路，确认无焊锡粘连现象再接通电源。

（6）测量集成电路引脚直流电压时，应选用表头内阻大于 20 kΩ/V 的万用表，否则对某些引脚电压会有较大的测量误差。

（7）不要轻易地判断集成电路已损坏。因为集成电路绝大多数为直接耦合，一旦某一电路不正常，可能会导致多处电压变化，而这些变化不一定是集成电路损坏引起的，另外在有些情况下测得各引脚电压与正常值相符或接近时，也不一定都能说明集成电路就是好的。因为有些软故障不会引起直流电压的变化。

（8）功率集成电路应散热良好，不允许不带散热器而处于大功率的状态下工作。

（9）如需要外接外围元件代替集成电路内部已损坏部分，应选用小型元器件，且接线要合理以免造成不应有的寄生耦合，尤其要处理好音频功放集成电路和前置放大电路之间的接地端。

3.6　表面贴装元器件

适合表面组装的元器件通常称为表面贴装元器件，包括 SMC（表面安装无源元件）和 SMD（表面安装有源元件）两种。早期的 SMD 多为片状，故有片式元件之称。到了 20 世纪 80 年代初期，出现了圆柱形、立方体形和异形等结构，因此目前多用表面贴装元件来描述它。

1. 表面贴装元器件的分类

表面贴装元器件按其功能可分为无源元件、有源元件和机电元件三类。常见的无源元件有电阻、电容、电位器、电感器等，常见的有源元件有三极管、场效应管、运算放大器及集成电路等。目前，部分表面贴装元件如电阻、电容、电感的标准已建立，部分器件如晶体、振荡器、连接器和插件等的封装标准化工作正在进行中。

2. 表面贴装元器件的特点

表面贴装元器件具有微型化、无引线或短引线的特征，所有引脚都处于同一个平面上，以便在 PCB 上进行表面组装。与传统的 THC 分立元件相比，片式元件具有下列特点：

（1）尺寸小、重量轻。不仅节省了原材料，还能进行高密度组装，使电子设备实现了小型化、轻量化和薄型化。

（2）无引线或引线很短。减少了寄生电感和电容，从而改善了高频特性，有利于提高使用频率和电路速度。

（3）形状简单，结构牢固，紧贴在电路板上，抗振动和冲击能力强。

（4）组装时没有元件引线打弯、剪短等工序，有效地降低了成本。

（5）尺寸和形状标准化，适于自动贴装机进行组装，效率高、质量好、综合成本低。

3. 表面贴装元器件的贴装与拆卸

在电子产品小型化发展之际，相当一部分消费类产品的表面贴装，由于组装空间的关系，其 SMD 都是贴装在 FPC（柔性印制电路板）上来完成整机的组装的。

贴装的方式分为常规 SMD 贴装和高精度 SMD 贴装。常规 SMD 贴装对贴装精度要求不高，贴装时多采用手工贴装，个别对精度要求稍高的元件会采用手动贴片机贴装。高精度 SMD 贴装对贴装精度要求很严格，一般会采用高精度的设备来进行贴装。为保证组装质量，在贴装前对 FPC 最好经过烘干处理。由于 FPC 在实现高精度 SMD 贴装上有诸多困难，因此 PCB 的应用越来越广泛。

片状元件体积小，引脚多，拆卸较困难。常用以下几种方法拆卸：

（1）专用烙铁头拆卸法。采用专门的"Ⅱ"型烙铁头（有多种尺寸），选择合适的尺寸对被拆元件两边引脚的焊锡同时加热，等到焊锡熔化后，就可方便地取下元器件。

（2）吸锡器拆卸法。用普通吸锡器（配合电烙铁）或吸锡烙铁将片状元件各引脚上的焊锡加热熔化后吸掉，便可拆下元器件。

（3）吸锡铜网法。吸锡铜网是用细铜丝编织成的网状带子，将网线覆盖在多个引脚上，网线涂上助焊剂，用烙铁加热；等到引脚上的焊锡熔化后，拉拽网线，引脚上的焊锡即被网线吸走，剪去已吸附焊锡的网线，重复几次，便可将各引脚上的焊锡全部去除，就可以卸下芯片。

第4章
常用低压电器及异步电机

常用低压电器按照其在电气线路中的作用和功能一般可分为以下三类：

第一类：主令电器。主令电器是一种在自动控制系统中用来发送控制指令或信号的操纵电器。常用的主令电器有闸刀开关、按钮开关、组合开关、倒顺开关、行程开关等。

第二类：保护电器。它主要用于电路中的短路保护和过载保护，如熔断器、断路器、热继电器等。

第三类：控制电器。控制电器是一种能按外来信号远距离地自动接通或断开正常工作的主电路及控制电路的自动装置，控制电器利用弹簧反力及电磁吸力的配合作用，使触头闭合或断开。常用的控制电器有接触器、继电器、牵引电磁铁等。

4.1 主令电器

主令电器是电器控制系统中用来发送或转换控制指令的操纵电器，利用它来控制接触器、继电器或其他电器，使电路接通和分断来实现对机械生产的自动控制。常用的主令电器有按钮开关、闸刀开关、行程开关、组合开关、倒顺开关等。

4.1.1 按钮开关

按钮开关是一种结构简单、应用十分广泛的主令电器。在电气自动控制电路中，用于手动发出控制信号以控制接触器、继电器、电磁起动器等。

1. 外形结构与工作原理

按钮开关的结构种类很多，可分为普通揿钮式、蘑菇头式、自锁式、自复位式、旋柄式、带指示灯式、带灯符号式及钥匙式等，有单钮、双钮、三钮及不同组合形式。一般是采用积木式结构，由按钮帽、复位弹簧、静触头、动触头和外壳等组成，通常做成复合式，有一对常闭触头和常开触头，有的产品可通过多个元件的串联增加触头对数。如图4-1所示。还有一种自持式按钮，按下后即可自动保持闭合位置，断电后才能打开。

在按钮未按下时，动触头与上面的静触头是接通的，这对触头称为常闭触头。此时，动触头与下面的静触头是断开的，这对触头称为常开触头。按下按钮，常闭触头断开，常开触头闭合；松开按钮，在复位弹簧的作用下恢复原来的工作状态。

2. 图形及文字符号

按钮开关的图形符号如图4-2所示，文字符号为SB。

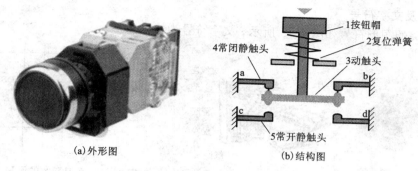

（a）外形图　　　　　　　　　（b）结构图

图 4 - 1　按钮开关外形结构图

3. 规格型号

国产的按钮型号主要以 LA 系列为主，如 LA2，LA4，LA18，LA20，LA38，LA39，LAY37 等。按钮的型号命名如图 4 - 3 所示。

（a）常开按钮　（b）常闭按钮　（c）复合按钮

图 4 - 2　按钮的图形、文字符号　　　　　**图 4 - 3　按钮的型号命名图**

4. 选用原则

选用按钮时，要遵循以下原则：

（1）要根据用途选择开关的形式，如紧急式、钥匙式、指示灯式等；

（2）根据使用环境选择按钮开关的种类，如开启式、防水式、防腐式等；

（3）根据工作状态和工作情况的要求，选择按钮开关的颜色，避免误操作。一般按钮帽做成不同的颜色，其颜色有绿、红、黄、黑、白、蓝等。如红色代表停止，黄色代表异常情况，绿色、黑色表示启动等。

4.1.2　闸刀开关

闸刀开关又称刀开关或隔离开关，它是手控电器中最简单而使用又较广泛的一种低压电器，通常用作隔离电源的开关，以便能安全地对电气设备进行检修或更换保险丝。也可用作直接启动电动机的电源开关。

1. 外形结构与工作原理

图 4 - 4 是闸刀开关的外形与结构图，它主要有：保险丝、静触头、进线及出线接线座、与操作瓷柄相连的动触刀，这些导电部分都固定在瓷底板上，上面盖有胶盖以保证用电安全。胶盖还具有下列保护作用：

（1）防止电弧飞出盖外，灼伤操作人员；

（2）将各极隔开，防止因极间飞弧导致电源短路；

（3）防止金属零件掉落在闸刀上形成极间短路。

2. 图形及文字符号

闸刀开关的图形符号如图4－5所示，文字符号为QS。

图4－4　闸刀开关外形与结构图

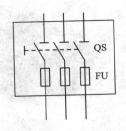

图4－5　闸刀开关的图形、文字符号

3. 规格型号

闸刀开关种类很多，有两极的(额定电压250 V)和三极的(额定电压380 V)，额定电流由10 A至100 A不等，其中60 A及以下的才用来控制电动机。

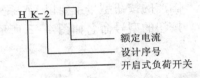

图4－6　闸刀开关的型号命名图

闸刀开关的型号命名如图4－6所示，如HK1－15，其中H为刀开关，K为开启式负荷开关，1为设计序号，15为额定电流，单位为A。常用的闸刀开关型号有HK1、HK2系列。

4. 选用原则及使用注意事项

正常情况下，闸刀开关一般能接通和分断其额定电流，因此，对于普通负载可根据负载的额定电流来选择闸刀开关的额定电流。考虑到用闸刀开关控制电机时，其启动电流可达额定电流的4～7倍，选择闸刀开关的额定电流时，宜选电动机额定电流的3倍左右。控制单相电动机选两极闸刀开关，控制三相电动机选三极闸刀开关。通常三极闸刀如果额定电流为15 A，可控制电动机的最大容量：电压是220 V时1.5 kW；电压是380 V时2.2 kW。

使用闸刀开关时应注意：

(1)将它垂直的安装在控制屏或开关板上，不可随意搁置；

(2)进线座应在上方，接线时不能把它与出线座搞反，否则在更换保险丝时将会发生触电事故；

(3)更换保险丝必须先拉开闸刀，并换上与原用保险丝规格相同的新保险丝，同时还要防止新保险丝受到机械损伤；

(4)若胶盖和瓷底座损坏或胶盖失落，闸刀开关就不可再使用，以防止安全事故。

4.1.3　行程开关

行程开关又称位置开关或限位开关，是一种常用的小电流主令电器。利用生产机械运动部件的碰撞使其触头动作来实现接通或分断控制电路，达到控制的目的。

1. 外形结构与工作原理

为了适应各种条件下的操作，行程开关有很多构造形式，常用的有直动式、滚轮旋转式、微动式行程开关。

(1)直动式行程开关。

动作原理同按钮类似，所不同的是一个是手动，另一个则是由运动部件的撞块碰撞。当外界运动部件上的撞块碰压按钮使其触头动作，当运动部件离开后，在弹簧作用下，其触头自动复位。

直动式行程开关结构原理如图 4 - 7 所示,其动作原理与按钮开关相同,但其触点的分合速度取决于生产机械的运行速度,不宜用于速度低于 0.4 m/min 的场所。

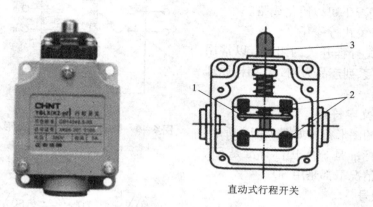

直动式行程开关

图 4 - 7 直动式行程开关的外形与结构原理图
1—动触点;2—静触点;3—推杆

(2)滚轮式行程开关。

当运动机械的挡铁(撞块)压到行程开关的滚轮上时,传动杠连同转轴一同转动,使凸轮推动撞块,当撞块碰压到一定位置时,推动微动开关快速动作。当滚轮上的挡铁移开后,复位弹簧就使行程开关复位,这种是单轮自动恢复式行程开关。双轮旋转式行程开关不能自动复原,它是依靠运动机械反向移动时,挡铁碰撞另一滚轮将其复原。

滚轮式行程开关结构原理如图 4 - 8 所示,当被控机械上的撞块撞击带有滚轮的撞杆时,撞杆转向右边,带动凸轮转动,顶下推杆,使微动开关中的触点迅速动作。当运动机械返回时,在复位弹簧的作用下,各部分动作部件复位。

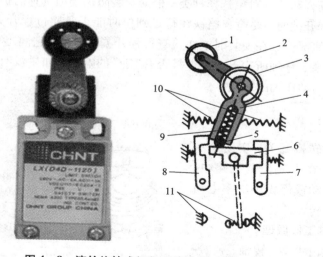

图 4 - 8 滚轮旋转式行程开关的外形与结构原理图
1—滚轮;2—上转臂;3、9、10—弹簧;4—套架;5—小滑轮;6—触点推杆;7、8—压板;11—触点

滚轮式行程开关又分为单滚轮自动复位和双滚轮（羊角式）非自动复位式，双滚轮行程开关具有两个稳态位置，有"记忆"作用，在某些情况下可以简化线路。

（3）微动开关式行程开关。

微动开关式行程开关的组成，以常用的有 LXW-11 系列产品为例，其结构原理如图 4-9 所示。

2. 图形及文字符号

行程开关的图形符号如图 4-10 所示，文字符号国家标准是 SQ，国际标准是 ST，但是国内一般情况下都是用 SQ。

3. 规格型号

行程开关按其结构可分为直动式、滚轮式、微动式和组合式。常用的行程开关有 LX19 和 JLXK1 等系列。各系列行程开关的基本结构相同，区别仅在于行程开关的传动装置和动作速度不同。

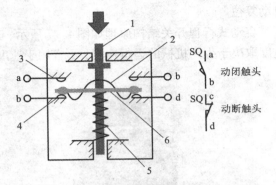

图 4-9　微动式行程开关的外形与结构原理图

1—推杆；2—弯型片状弹簧；3—动合触点；
4—动断触点；5—压缩弹簧；6—连杆

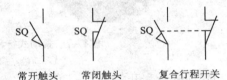

图 4-10　行程开关图形、文字符号

4. 选用原则及安装注意事项

行程开关主要根据其技术参数、使用环境、安装位置和精度要求进行选择。

（1）额定电压：行程限位开关的触头电压等级应大于或等于线路的额定电压。

（2）额定电流：其触头的额定发热电流应高于线路的最大负载电流，一般为 10 A。如将行程限位开关直接用于分断主回路，要求其额定发热电流至少大于 15 A。

（3）根据应用场合和控制对象选择种类；根据安装防护类型选择防护形式。

（4）在安装行程开关时，要检查挡铁在行走到位时能否碰撞行程开关头，切不可碰撞在行程开关中间或其他部位。在安装时或在检查行程开关时，要把它固定牢固，并用手拨动或压动行程开关动作头，仔细听声音，检查是否有"啪"的响声，如果没有，应打开行程开关，调节连接微动开关与动作轴的螺丝。

4.1.4　组合开关

组合开关又称转换开关，实质是一种三极闸刀开关。在电气控制线路中，可以用它来直接启动或停止小功率电动机或使电动机正反转，倒顺等。

1. 外形结构与工作原理

组合开关一般由手柄、转轴、弹簧、凸轮、动触片、静触片、绝缘杆和接线柱等组成，其外形结构如图 4-11 所示。

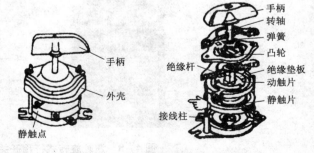

图 4-11　组合开关的外形结构

常用的三极组合开关有三对静触头和三对动触头。三对动触头装在绝缘方轴上，利用手柄转动方轴使动触头与静触头接通或断开。

2. 图形及文字符号

根据组合开关在电路中的不同作用,组合开关图形与文字符号有两种。当在电路中用作隔离开关时,其图形、文字符号见图 4 – 12 所示,有单极、双极、三极之分,机床线路控制中一般采用三极组合开关。

图 4 – 12 组合开关做隔离开关时的图形、文字符号 图 4 – 13 组合开关做转换开关时的图形、文字型号

图 4 – 13 所示是组合开关作转换开关使用时的图形符号,图示是一个三极组合开关,图中 I 与 II 分别表示组合开关手柄转动的两个操作位置,I 位置线上的三个空点右方画了三个黑点,表示当手柄转动到 I 位置时,L_1、L_2 与 L_3 支路线分别与 U、V、W 支路线接通;而 II 位置线上三个空点右方没有相应黑点,表示当手柄转到 II 位置时,L_1、L_2 与 L_3 支路线与 U、V、W 直线路处于断开状态。文字标注符为 SA。

3. 规格型号

组合开关有单级、双级、三级、四级几种。在电气控制线路中,常用的组合开关有 Hz5 和 Hz10 系列,其额定电压直流为 220 V,交流为 380 V;额定电流为 10 A、25 A、60 A 及 100 A 四种。

其规格型号如图 4 – 14 所示。

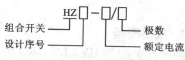

图 4 – 14 组合开关的型号含义

4. 选用原则

组合开关用作隔离开关时,其额定电流应为低于被隔离电路中各负载电流的总和;用于控制电动机时,其额定电流一般取电动机额定电流的 1.5 ~ 2.5 倍。

应根据电气控制线路中实际需要,确定组合开关接线方式,正确选择符合接线要求的组合开关规格。

4.1.5 倒顺开关

倒顺开关也叫转换开关。它的作用是连通、断开电源或负载,可以使电机正转或反转,主要是给三相小功率电机做正反转用的电气元件,但不能作为自动化元件。

1. 外形结构与工作原理

开关由手柄、凸轮、触头组成,凸轮和触头装在防护外壳内,触头共 5 对,其中一对为正反转共用,两对控制电动机正转,另两对控制电动机反转,触头为桥式双断点。转动手柄,带动凸轮转动,使触头进行接通和分断。倒顺开关外形结构如图 4 – 15 所示。

倒顺开关的原理如下:三相电源提供一个旋转磁场,使三相电机转动,因电源三相的接法不同,磁场可顺时针或逆时针旋转,要改变转向,只需要将电动机电源的任意两相相序进

(a)外形图

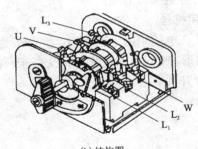
(b)结构图

图4-15　倒顺开关外形结构图

行改变即可完成。如原来的相序是 A、B、C，只需改变为 A、C、B 或 C、B、A。一般的倒顺开关有两排六个端子，调相通过中间触头换向接触，达到换相目的。以三相电机倒顺开关为例：设进线 A、B、C 三相，出线也是 A－B－C，因 ABC 三相是各各相隔120度，连接成一个圆周，设这个圆周上的 ABC 是顺时针的，连接到电机后，电机为顺时针旋转。如在开关内将 B、C 切换一下，A 照旧不动，使开关的出线成了 A－C－B，那这个圆周上的 ABC 排列就成了逆时针的，连接到电机后，电机也为逆时针旋转。

2. 图形及文字符号

倒顺开关的图形符号如图4-16所示，文字符号为 QS。

3. 规格型号

倒顺开关型号 HY、LW、KO 等为通用型号，BQXN 为防爆型。

4. 选用原则及安装注意事项

用于控制电动机时，其额定电流一般取电动机额定电流的1.5倍以上。

图4-16　倒顺开关图形、文字符号

倒顺开关的安装注意事项：

(1)倒顺开关的操作顺序要正确；

(2)倒顺开关正反转控制电路适用于小容量电动机的正反转控制；

(3)电动机及倒顺开关的外壳必须可靠接地，必须将接地线接到倒顺开关的接地螺钉上，切忌接在开关的罩壳上；

(4)倒顺开关的进出线切忌接错，接线时应看清开关线端标记，并使 L_1、L_2、L_3 接电源、U、V、W 接电动机，否则会造成两相电源短路。

4.2　保护电器

保护电器是在电器控制系统中用来保护各类电器不被高压或低压烧坏的装置，常用的保护电器有热继电器、熔断器、断路器。

4.2.1 热继电器

热继电器是一种电气保护元件。它是利用电流的热效应来推动动作机构使触头闭合或断开的保护电器，主要用于电动机的过载保护、断相保护、电流不平衡保护及其他电气设备发热状态的保护。

1. 外形结构与工作原理

热继电器是由热元件、双金属片、触点系统[1 对常开(下)和 1 对常闭(上)]、传动和调整机构组成。热元件是一段阻值不大的电阻丝，串联在被保护电动机的主电路中。双金属片由两种不同热膨胀系数的金属片碾压而成。其外形与结构原理如图 4 – 17 所示。

当电动机正常工作时，负载电流流过热元件产生的热量不足以使双金属片产生明显弯曲变形。当电动机过载时，通过热元件的电流超过额定电流，双金属片受热向上弯曲脱离扣板，使常闭触点断开。由于常闭触点是接在电动机的控制回路中的，它的断开会使得与其相接的接触器线圈断点，从而接触器主触点断开，电动机的主电路断电，实现了过载保护。热继电器作为电动机的过载保护元件，以其体积小、结构简单、成本低等优点在生产中得到了广泛应用。

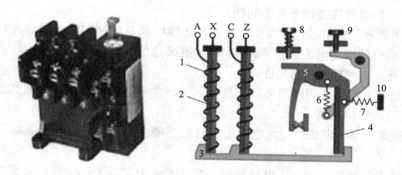

图 4 – 17 热继电器的外形结构

1—发热元件；2—双金属片；3—绝缘杆；4—补偿片；5—拔差；
6—调节弹簧；7—复位弹簧；8—复位按钮；9—调节螺钉；10—支架

2. 图形及文字符号

热继电器的图形符号如图 4 – 18 所示，文字符号为 FR。

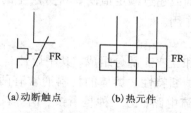

(a)动断触点   (b)热元件

图 4 – 18 热继电器图形、文字符号

3. 规格型号

热继电器的种类很多，常用的有 JR0、JR16、JR16B、JRS 和 T 系列。

以 JR 系列热继电器为例，型号含义如图 4-19 所示。

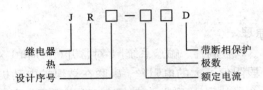

图 4-19 热继电器的型号含义

4. 选用原则及使用注意事项

热继电器主要用于保护电动机的过载，因此选用时必须了解电动机的情况，如工作环境、启动电流、负载性质、工作制、允许过载能力等。当热继电器用于保护反复短时工作制的电动机时，热继电器仅有一定范围的适应性。如果短时间内操作次数很多，就要选用带速饱和电流互感器的热继电器。

使用热继电器时要注意以下几个问题：

（1）为了正确地反映电动机的发热，在选择热继电器时应采用适当的热元件，热元件的额定电流与电动机的额定电流值相等，继电器便准确地反映电动机的发热。对于同一种热继电器，它可以有许多种规模的热元件。

（2）注意热继电器所处的周围环境温度，应保证它与电动机有相同的散热条件，特别是有温度补偿装置的热继电器。

（3）由于热继电器有热惯性，大电流出现时它不能立即动作，故热继电器不能用作短路保护。

（4）用热继电器保护三相异步电动机时，至少需要用有两个热元件的热继电器，从而不正常的工作状态下，也可对电动机进行过载保护。例如，电动机某一相未正常运行的情况下，至少有一个热元件能起作用。当然，最好采用有三个热元件带缺相保护的热继电器。

4.2.2　熔断器

熔断器是一种简便而有效的短路保护电器，使用时串联在被保护的电路中。当发生短路故障时，通过熔断器的电流达到或超过额定值使其自身产生的热量来熔断熔体，从而达到自动切断电路的目的，起到保护作用。

1. 外形结构与工作原理

熔断器主要由熔体、外壳和支座 3 部分组成，其中熔体是控制熔断特性的关键元件。熔体的材料、尺寸和形状决定了熔断特性。熔体的材料通常有两种，一种是由铅、铅锡合金等低熔点材料制成，多用于小电流电路；另一种是由银、铜等较高熔点材料制成，多用于大电流电路。熔体的形状有丝状和带状两种，改变截面的形状可显著改变熔断器的熔断特性。

熔断器具有反时延特性，即过载电流小时，熔断时间长；过载电流大时，熔断时间短。所以，在一定过载电流范围内，当电流恢复正常时，熔断器不会熔断，可继续使用。熔断器有各种不同的熔断特性曲线，可以适用于不同类型保护对象的需要。

使用时，熔体串接于被保护的电路中，当电路发生短路故障时，熔体被瞬时熔断而分断电路，起到保护作用。

直插式、螺旋式、无填料密闭管式和有填料封闭管式熔断器如图 4 - 20、图 4 - 21、图 4 - 22 和图 4 - 23 所示。

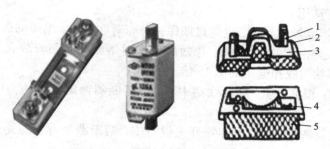

图 4 - 20　直插式熔断器外形结构
1—动触点；2—熔体；3—瓷插件；4—静触点；5—瓷座

图 4 - 21　螺旋式熔断器外形结构
1—底座；2—熔体；3—瓷帽

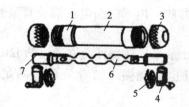

图 4 - 22　无填料密闭管式熔断器外形结构
1—铜圈；2—熔断管；3—管帽；4—插座；
5—特殊垫圈；6—熔体；7—熔片

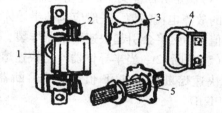

图 4 - 23　有填料封闭管式熔断器外形结构
1—瓷底座；2—弹簧片；3—管体；
4—绝缘手柄；5—熔体

2. 图形及文字符号

熔断器的图形符号如图 4 - 24 所示，文字符号为 FU。

3. 规格型号

熔断器根据使用电压可分为高压熔断器和低压熔断器。根据保护对象可分为保护变压器用和一般电气设备用的熔断器、保护电压互感器的熔断器、保护电力电容器的熔断器、保护半导体元件的熔断器、保护电动机的熔断器和保护家用电器的熔断器等。根据结构可分为敞开

FU

图 4 - 24　熔断器图形符号

63

式、半封闭式、管式和喷射式熔断器。常见的有插入式熔断器、螺旋式熔断器、封闭式熔断器、快速熔断器和自复熔断器。

常见的型号有 RL1 – 15/380 V, RL1 – 60/380 V。

4. 选用原则

对于一般熔断器选用：

（1）导线保护：熔断器作导线、电缆过载保护可布置在导线、电缆的进线端或出线端，熔断器额定电流约为线路电流的 1.25 倍；作短路保护时熔断器必须安装在导线、电缆的进线端，熔断器额定电流约为脱扣电流的 1.45 倍。

（2）电动机保护：根据经验，在此线路中，选择熔断器额定电流约为电动机额定电流的 1.2 ~ 1.5 倍。

（3）电容器开关设备保护：在电容器开关设备中，熔断器推荐作短路保护用，所选择的熔断器的额定电流不得小于电容器额定电流的 1.6 倍。

对于半导体器熔断器选用：

电力半导体器件热容量小，在故障状态下必须要有快速熔断器保护。而快速熔断器具有与半导体器件类似的热特性，所以是一种良好的保护器件。快速熔断器选用一般原则如下：

（1）额定电压：快速熔断器的额定电压 UN 应稍大于快速熔断器熔断后两端出现的故障电路的外加交流电压。

（2）额定电流：熔断器的额定电流 INF 是以电路中实际流过熔断器的电流有效值 IF 为基础，并考虑环境温度、冷却条件、电流裕度等因素影响进行计算。

（3）分断过电压：熔断器在减弧过程中，在线路中产生的过电压，过高的过电压会使半导体器件产生反向击穿，因此分断过电压必须小于或者等于半导体器件允许反向峰值电压。快速熔断器熔断时产生的过电压（峰值）一般为故障电压（方均根值）的 2 ~ 2.5 倍左右。

（4）额定分断能力：快速熔断器的额定分断能力应大于半导体设备中快速熔断器分断时流过的故障电流峰值，一般应包括半导体设备中的变压器阀侧内部短路电流值及直流侧短路电流值，不然将会引起快速熔断器炸裂、串弧等事故。

（5）分断 I2t：当半导体器件与快速熔断器串联工作时，半导体器件允许通过的 I2tD 值应大于快速熔断器的 I2tF 值，不然熔断器熔断时，器件也被烧损。二者关系应满足：I2tF ≤0.9I2tD。

熔断器的使用注意事项：

（1）保险器与线路串联，垂直安装，并装在各相线上；二相三线或三相四线回路的中性线上，不允许装熔断器。

（2）螺旋保险的电源进线端应接在底座中心点上，出线应接在螺纹壳上，该保险用于有振动场所。

（3）动力负荷大于 60 A，照明或电热负荷（220 V）大于 100 A 时，应采用管形保险器。

（4）电度表电压回路和电气控制回路应加装控制保险器。

（5）瓷插保险采用合格的铅合金丝或铜丝，不得用多股熔丝代替一根大的熔丝使用。

（6）熔断器应完整无损，接触应紧密可靠，结合配电装置的维修，检查接触情况及熔件变色、变形、老化情况，必要时更换熔件。

（7）熔断器选好后，还必须检查所选熔断器是否能够保护导线。如果导线截面过小，应

64

适当加大。

（8）跌落式熔断器的铜帽应扣住熔管处上触头 3/4 以上，熔管或熔体表面应无损伤、裂纹。

（9）所有保险丝不得随意加粗，或乱用铜铝丝代替。

4.2.3　断路器

断路器是一种能够关合、承载和开断正常回路条件下的电流并能关合、在规定的时间内承载和开断异常回路条件下的电流的开关装置。

1. 外形结构与工作原理

断路器的外形结构见图 4－25 所示。断路器由导电回路、可分触头、灭弧装置、绝缘部件、底座、传动机构、操动机构等组成。导电回路用来承载电流；可分触头是使电路接通或分断的执行元件；灭弧装置则是用来迅速、可靠地熄灭电弧，使电路最终断开。吹弧熄弧的原理主要是冷却电弧减弱热游离，另一方面通过吹弧拉长电弧加强带电粒子的复合和扩散，同时把弧隙中的带电粒子吹散，迅速恢复介质的绝缘强度。与其他开关相比，断路器的灭弧装置的熄弧能力最强，结构也比较复杂。触头的分合运动是靠操动机构作功并经传动机构传递力来带动的。其操作方式可分为手动、电动、气动和液压等。有些断路器（如油断路器、六氟化硫断路器等）的操动机构并不包括在断路器的本体内，而是作为一种独立的产品提供断路器选配使用。

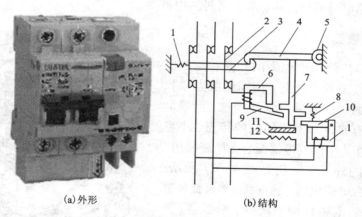

（a）外形　　　　（b）结构

图 4－25　断路器外形结构图

2. 图形及文字符号

断路器的图形符号如图 4－26 所示，文字符号为 QF。

3. 规格型号

断路器按极数分单极、二极、三极和四极等；按其使用范围分为高压断路器和低压断路器，高低压界线划分比较模糊，一般将 3 kV 以上的称为高压电器；按适用电器分为交流断路器和直流断路器；按断路器灭弧介

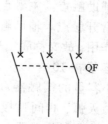

图 4－26　断路器的图形、文字符号

质分为压缩空气断路器、油断路器、真空断路器、六氟化硫断路器、空气断路器、磁吹断路器和固体产气断路器(指利用固体产气物质在电弧高温作用下分解出的气体来熄灭电弧的断路器)。

常见型号有 SSB65 - C63/3P、HSB1 - D63/2P、SBTB1/2 - 63 C 型 2P；常用的低压断路器主要有 DZ5、DZ10、DZ15、DZ20 等系列。

4. 选用原则及保养方法

断路器的选择必须按正常的工作条件进行选择，并且按断路情况校验其热稳定和动稳定。此外，还应考虑电器安装地点的环境条件，当气温、风速、温度、污秽等级、海拔高度、地震烈度和覆冰厚度等环境条件超过一般电器使用条件时，应采取有效措施。

断路器的保养方法有以下几点：

(1)保持空气干燥，管道干净；

(2)定期更换橡胶件：主断路器是一种结构复杂的气动电气，各部件对密封性能要求较高，为保证良好的密封性能，应定期更换橡胶件。

(3)定期检查各主要部件：灭弧室，非线性电阻，主阀，传动风缸及通风塞门。

4.3 控制电器

控制电器是利用电磁吸力及弹簧反力的作用，使触头闭合与断开的一种电磁式自动切换电器。常用的控制电器有交流接触器和各种继电器等。

4.3.1 交流接触器

交流接触器是广泛用作电力的开断和控制电路。它利用主触点来开闭电路，用辅助触点来执行控制指令。主触点一般只有常开接点，而辅助触点常有两对具有常开和常闭功能的接点，小型的接触器也经常作为中间继电器配合主电路使用。

交流接触器的外形与结构见图 4 - 27 所示。交流接触器主要由电磁机构、触点系统、灭弧装置及其他部件组成。电磁机构由线圈、动铁芯(衔铁)和静铁芯组成，其作用是将电磁能转换成机械能，产生电磁吸力带动触点动作。触点系统包括主触点和辅助触点。主触点用于通断主电路，通常为三对常开触点。辅助触点用于控制电路，起电气联锁作用，故又称联锁触点，一般常开、常闭各两对。容量在 10 A 以上的接触器都有灭弧装置，对于小容量的接触器，常采用双断口触点灭弧、电动力灭弧、相间弧板隔弧及陶土灭弧罩灭弧。对于大容量的接触器，采用纵缝灭弧罩及栅片灭弧。其他部件包括反作用弹簧、缓冲弹簧、触点压力弹簧、传动机构及外壳等。

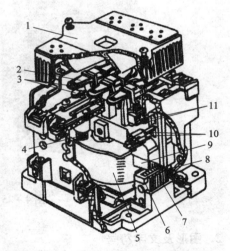

图 4 - 27　交流接触器的外形结构
1—灭弧罩；2—触点压力弹簧片；3—主触点；
4—反作用弹簧；5—线圈；6—短路环；
7—静铁芯；8—弹簧；9—动铁芯；
10—辅助常开触点；11—辅助常闭触点

66

当接触器线圈通电后，线圈电流会产生磁场，产生的磁场使静铁芯产生电磁吸力吸引动铁芯，并带动交流接触器点动作，常闭触点断开，常开触点闭合，两者是联动的。当线圈断电时，电磁吸力消失，动铁芯在释放弹簧的作用下释放，使触点复原，常开触点断开，常闭触点闭合。

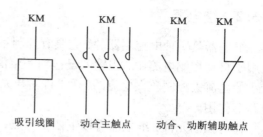

图 4 - 28　交流接触器的图形符号

交流接触器的图形符号如图 4 - 28 所示，文字符号为 KM。

常用的交流接触器有 CJ10，CJ40，CJ12，CJ20 和引进的 CJX，3TB，B 等系列。其型号定义如图 4 - 29 所示。例如：CJ10Z - 40/3 为交流接触器，设计序号 10，重任务型，额定电流 40 A，主触点为 3 极。CJ12T - 250/3 为改型后的交流接触器，设计序号 12，额定电流 250 A，3 个主触点。

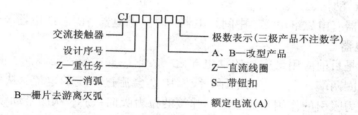

图 4 - 29　交流接触器的型号定义

交流接触器线圈的工作电压，应为其额定电压的 85% ~ 105%，这样才能保证接触器可靠吸合。如电压过高，交流接触器磁路趋于饱和，线圈电流将显著增大，有烧毁线圈的危险。反之，电压过低，电磁吸力不足，动铁芯吸合不上，线圈电流达到额定电流的十几倍，线圈可能过热烧毁。

对交流接触器的维护，应注意以下几方面：

（1）外部维护：清扫外部灰尘，检查各紧固部件是否松动，特别是导体连接部分，防止接触松动而发热；

（2）触点系统维护：检查动、静触点位置是否对正，三相是否同时闭合，如有问题应调节触点弹簧；检查触点磨损程度，磨损深度不得超过 1 mm，触点有烧损、开焊脱落时，须立即更换，清理触点时不允许使用砂纸，应使用整形锉；相间绝缘电阻不得低于 10 MΩ；检查辅助触点动作是否灵活，触点行程是否符合规定值，检查触点有无松动脱落，如发现问题，应及时修理或更换。

（3）铁芯部分维护：清扫灰尘，特别是运动部件及铁芯吸合接触面间；检查铁芯的紧固情况，铁芯松散会引起运行噪声加大；铁芯短路环有脱落或断裂要及时修复。

（4）电磁铁圈维护：测量线圈绝缘电阻，检查线圈绝缘物有无变色、老化现象，检查线圈引线连接，如有开焊、烧损应及时修复。

（5）灭弧罩部分维护：检查灭弧罩是否破损，灭弧罩位置有无脱落和位置变化，清除灭弧罩缝隙内的金属颗粒及杂物。

4.3.2 继电器

继电器是一种电控制器件，它具有控制系统（输入回路）和被控制系统（输出回路），通常应用于自动控制电路中，当输入量达到一定值时，输出量将发生跳跃式变化。它实际上是用较小的电流去控制较大电流的一种"自动开关"。故在电路中起着自动调节、安全保护、转换电路等作用。

作为控制元件，继电器有以下四个特点：

（1）扩大控制范围。例如，多触点继电器控制信号达到某一定值时，可以按触点组的不同形式，同时换接、开断、接通多路电路。

（2）放大。例如中间继电器等，只用一个很微小的控制量，就可以控制很大功率的电路。

（3）综合信号。例如，当多个控制信号按规定的形式输入多绕组继电器时，经过比较综合，达到预定的控制效果。

（4）自动、遥控、监测。例如，自动装置上的继电器与其他电器一起，可以组成程序控制线路，从而实现自动化运行。

常用的继电器有电磁继电器、中间继电器、时间继电器、固态继电器及光继电器等。

1. 电磁继电器

电磁继电器是目前应用最广泛的继电器之一，它一般由铁芯、线圈、衔铁、触点簧片等组成。只要在线圈两端加上一定的电压，线圈中就会流过一定的电流，从而产生电磁效应，衔铁就会在电磁力吸引的作用下克服返回弹簧的拉力吸向铁芯，从而带动衔铁的动触点与静触点（常开触点）吸合。当线圈断电后，电磁的吸力也随之消失，衔铁就会在弹簧的反作用力返回原来的位置，使动触点与原来的静触点（常闭触点）释放。这样吸合、释放，从而达到了在电路中的导通、切断的目的。对于继电器的"常开、常闭"触点，可以这样来理解：继电器线圈未通电时处于断开状态的静触点，称为"常开触点"；处于接通状态的静触点称为"常闭触点"。继电器一般有两股电路，为低压控制电路和高压控制电路。电磁继电器的工作原理如图 4 – 30 所示。

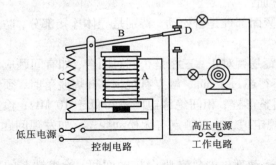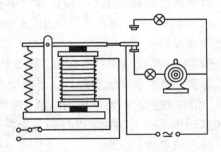

低压电源　控制电路　高压电源　工作电路

图 4 – 30　电磁继电器的工作原理图
A—电磁线；B—磁铁；C—弹簧；D—触点

2. 时间继电器

时间继电器是一种利用电磁原理或机械动作原理实现触点延时接通或断开的自动控制电器，其种类很多，常用的有空气阻尼式、电动式和晶体管式等，在电气控制中应用较多的是空气阻尼式时间继电器。

68

空气阻尼式时间继电器是利用空气阻尼原理获得延时的。它由电磁系统、延时机构和触点三部分组成，电磁机构为直动式双 E 型，触点系统是借用 LX5 型微动开关，延时机构采用气囊式阻尼器，它既具有由空气室中的气动机构带动的延时触点，也具有由电磁机构直接带动的瞬动触点，可以做成通电延时型，也可做成断电延时型。电磁机构可以是直流的，也可以是交流的。

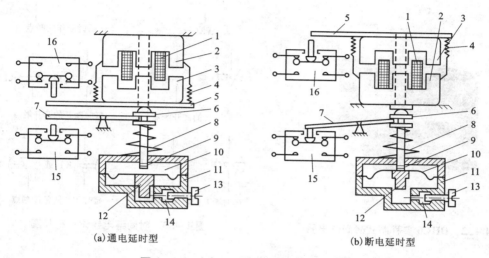

(a) 通电延时型　　　　　　　　　　(b) 断电延时型

图 4 - 31　空气阻尼型时间继电器原理图
1—线圈；2—铁芯；3—反力弹簧；5—推板；6—活塞杆；7—杠杆；8—塔形弹簧；9—弱弹簧；
10—橡皮膜；11—空气室壁；12—活塞；13—调节螺杆；14—进气孔；15、16—微动开关

空气阻尼式时间继电器的工作原理图如图 4 - 31 所示。当线圈通电时，衔铁及托板被铁芯吸引而瞬时下移，使瞬时动作触点接通或断开。但是活塞杆和杠杆不能同时跟着衔铁一起下落，因为活塞杆的上端连着气室中的橡皮膜，当活塞杆在释放弹簧的作用下开始向下运动时，橡皮膜随之向下凹，上面空气室的空气变得稀薄而使活塞杆受到阻尼作用而缓慢下降。经过一定时间，活塞杆下降到一定位置，便通过杠杆推动延时触点动作，使动断触点断开，动合触点闭合。从线圈通电到延时触点完成动作，这段时间就是继电器的延时时间。延时时间的长短可以用螺钉调节空气室进气孔的大小来改变。吸引线圈断电后，继电器依靠恢复弹簧的作用而复原，空气经出气孔被迅速排出。

近年来随着微电子技术的发展，采用集成电路、功率电路和单片机等电子元件构成的新型时间继电器大量面市。如 DHC6 多制式单片机控制时间继电器，J5S17、J3320、JS213 等系列大规模集成电路数字时间继电器，J5145 等系列电子式数显时间继电器，J5G1 等系列固态时间继电器等。

DHC6 多制式单片机控制时间继电器是为适应工业自动化控制水平越来越高的要求而生产的。多制式时间继电器可使用户根据需要选择最合适的制式，使用较为简便的方法达到以往需要较复杂接线才能达到的控制功能，这样既节省了中间控制环节，又大大提高了电气控制的可靠性。它采用单片机控制，LCD 显示，具有 9 种工作制式、正计时、倒计时任意设定、8 种延时时段、延时范围从 0.01 s ~ 999.9 h 任意设定、键盘设定，设定完成之后可以锁定按

键，防止误操作。可按要求任意选择控制模式，使控制线路最简单可靠。其外形如图 4 - 32 所示。

时间继电器的设计符号如图 4 - 33 所示。

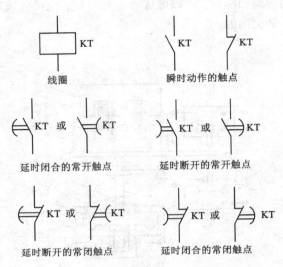

图 4 - 32　DHC6 多种制式时间继电器　　　　图 4 - 33　时间继电器设计符号图

3. 中间继电器

中间继电器和交流接触器一样，都是由固定铁芯、动铁芯、弹簧、动触点、静触点、线圈、接线端子和外壳组成。线圈通电，动铁芯在电磁力作用下动作吸合，带动动触点动作，使常闭触点分开，常开触点闭合；线圈断电，动铁芯在弹簧的作用下带动动触点复位。只是两者的用途有所不同，交流接触器主要用来接通和断开主电路，中间继电器则主要用在辅助电路中，用以弥补辅助触点的不足。

中间继电器是在自动控制电路中起控制与隔离作用的执行部件，广泛应用于遥控、遥测、通讯、自动控制、机电一体化及电力电子设备中，是最重要的控制元件之一。继电器一般都有能反映一定输入变量如电流、电压、功率、阻抗、频率、温度、压力、速度、光等的感应机构输入部分；有能对被控电路实现"通"、"断"控制的执行机构输出部分；在继电器的输入部分和输出部分之间，还有对输入量进行耦合隔离、功能处理和对输出部分进行驱动的中间机构驱动部分。在工程实际中，中间继电器主要有两个作用：一是隔离作用；二是增加辅助接点。

4. 其他继电器

为了满足工艺过程和生产机械的不同控制要求，控制电器要能适应不同对象工作状态的参数检测的需要，如速度、温度、压力、转速等，这里介绍几种常用的继电器。

（1）速度继电器：是按照预定速度快慢而动作的继电器，根据电磁原理制成。它套有永久磁铁的轴与电动机的轴相连，随电动机一起转动，接收转速信号。

（2）磁簧继电器：由永久磁铁和干簧管组成，是以线圈产生磁场将磁簧管动作之继电器，为一种线圈传感装置。当有铁磁金属或者其他导磁物质与之靠近的时候，发生动作，开通或

70

者闭合电路。可以作为机械设备的位置限制开关，也可以用以探测铁制门、窗等是否在指定位置。

　　(3)压力继电器：是利用被控介质(如压力油)在波纹管或橡皮膜上产生的压力与弹簧的反力相平衡的原理而工作的一类继电器，广泛应用在各种电气液压控制系统中。

　　(4)热敏干簧继电器：是一种利用热敏磁性材料检测和控制温度的新型热敏开关。它由感温磁环、恒磁环、干簧管、导热安装片、塑料衬底及其他一些附件组成。热敏干簧继电器不用线圈励磁，而由恒磁环产生的磁力驱动开关动作。恒磁环能否向干簧管提供磁力是由感温磁环的温控特性决定的。

　　(5)光继电器：为 AC/DC 并用的半导体继电器，输入侧和输出侧电气性绝缘，信号通过光信号传输，其特点为微小电流驱动信号、高阻抗绝缘耐压、超小型、光传输、无接点等，主要应用于量测设备、通信设备、保全设备、医疗设备等。

4.3.3　牵引电磁铁

　　牵引电磁铁由电源控制器、线圈、静铁芯和动铁芯等组成。结构为甲壳式，应用了螺旋管的漏磁通原理，利用电磁铁动铁芯和静铁芯的吸合，实现牵引杆的直线往复运动。线圈断电后，由于电磁铁本身无复位装置，衔铁靠外力(弹簧力)复位，恢复额定行程内工作，因此不得超范围使用。牵引电磁铁主要用于机械设备及自动化系列的各种操作机构的远距离控制，尤其用于冲床、剪板机等。

　　牵引电磁铁的型号含义如图 4 - 34 所示。

　　随着科技的发展，出现了电子型牵引电磁铁，以 MQD06 系列最为常见，与老式产品相比，操作频率提高 4 倍以上，重量减轻 40%，吸合电流降低 3 倍，节能达 90% 以上。适用于 380 V50Hz 的电路中，接线简单，密闭式结构，维护简单，安装方便。

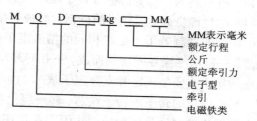

图 4 - 34　牵引电磁铁的型号含义

　　MQD06 系列牵引电磁铁的工作条件：海拔高度不超过 2500 m，环境温度在 - 5 ~ 40℃，相对湿度 90%(25℃)，不能接触易燃、易爆、腐蚀性气体及尘埃，不能接受雨雪的侵蚀。

　　MQD06 系列牵引电磁铁的基本技术参数如表 4 - 1 所示。

表 4 - 1　MQD06 系列牵引电磁铁的基本技术参数

型号	使用方式	额定电压 (V)	额定吸力 (kg)	额定行程 (mm)	操作频率 (次/小时)
MQD06 - 8 - 30	拉动	380	8	30	3600
MQD06 - 15 - 30	拉动	380	15	30	2200
MQD06 - 15 - 50	拉动	380	15	50	1800
MQD06 - 25 - 30	拉动	380	25	30	1500

4.4 三相异步电动机

实现电能与机械能相互转换的电工设备总称为电机。电机是利用电磁感应原理实现电能与机械能的相互转换。把机械能转换成电能的设备称为发电机，而把电能转换成机械能的设备叫做电动机。在生产上主要用的是交流电动机，特别三相异步电动机，因为它具有结构简单、坚固耐用、运行可靠、价格低廉、维护方便等优点。它被广泛地用来驱动各种金属切削机床、起重机、锻压机、传送带、铸造机械、功率不大的通风机及水泵等。

1. 电动机的基本类型和结构

异步电机定子相数有单相、三相两类。三相异步电动机转子结构有笼型和线绕式两种，单相异步电机转子都是笼型。异步电机主要由固定不动的定子和旋转的转子两部分组成，定、转子之间有气隙，在定子两端有端盖支撑转子。其结构如图 4－35 所示。

异步电机的定子由定子铁芯、定子绕组和机座三部分构成。定子铁芯的作用是

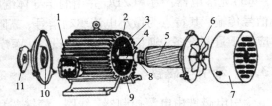

图 4－35　三相异步电动机的结构
1—接线盒；2—定子铁芯；3—定子绕组；4—转轴；
5—转子；6—风扇；7—罩壳；8—轴承；
9—机座；10—端盖；11—轴承盖

作为电机磁路的一部分和嵌放定子绕组。为了减少交变磁场在铁芯中引起的损耗，铁芯一般采用导磁性能良好、损耗小的硅钢片叠成，并固定在机座中。为了嵌放定子绕组，在定子充片中均匀的冲制若干个形状相同的槽。定子绕组是电机的电路，其作用是感应电动势、流过电流，一般由绝缘导线绕制而成，三相异步电动机具有三相对称的定子绕组，称为三相绕组。机座的作用主要是固定和支撑定子铁芯，因此要求有足够的机械强度。

异步电机的转子由转子铁芯、转子绕组和转轴构成。转子铁芯是电机磁路的一部分，一般由硅钢片冲制后叠压而成，并固定在机座中。转轴起支撑转子铁芯和输出机械转矩的作用，转子绕组的作用是感应电动势、流过电流和产生电磁转矩。其结构形式有笼型和线绕式两种。笼型电动机的转子绕组是由嵌放在转子铁芯槽内的导电条组成的。鼠笼型转子及绕组结构如图 4－36 所示。绕线型电动机的转子绕组为三相绕组，各相绕组的一端连在一起（星形连接），另一端接到三个彼此绝缘的滑环上。

(a) 笼型转子　　　　　　(b) 笼型转子绕组　　　　　　(c) 笼型铸铝转子

图 4－36　笼型转子结构图
1—转子铁芯；2—风叶；3—铸铝条

异步电机定、转子之间气隙很小,对于中小型异步电机来说,气隙一般为0.2~1.5 mm。气隙大小对异步电机的性能影响很大。为了降低电机的空载电流和提高电机的功率,气隙应尽可能小,但气隙太小又可能造成定、转子在运行中发生摩擦,因此异步电动机气隙长度应为定、转子在运行中不发生机械摩擦所允许的最小值。

2. 电动机的工作原理

三相异步电动机的工作原理是建立在电磁感应定律和电磁力定律等基础上的,其工作原理图如图4-37所示。当电动机的三相定子绕组(各相差120度电角度),通入三相对称交流电后,将产生一个旋转磁场,该旋转磁场切割转子绕组,从而在转子绕组中产生感应电流(转子绕组是闭合通路),载流的转子导体在定子旋转磁场作用下将产生电磁力,从而在电机转轴上形成电磁转矩,驱动电动机旋转,并且电机旋转方向与旋转磁场方向相同,旋转磁场示意图如图4-38所示。

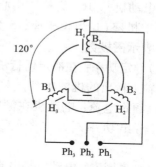

图4-37　三相异步电机工作原理图

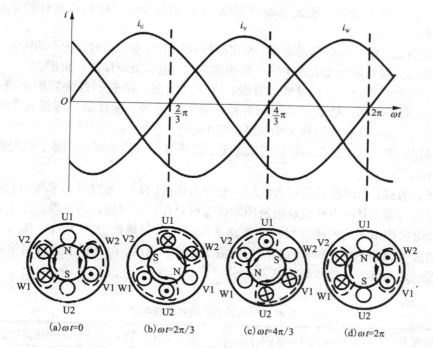

图4-38　旋转磁场示意图

3. 电动机铭牌

在生产过程中要使用好三相异步电机,首先必须了解它的铭牌。每台电动机的外壳上都有一块铭牌,上面注明了这一台电动机的基本性能数据,以便按照这些额定数据正确使用,如图4-39所示。

铭牌上的各项内容含义如下:

（1）型号：是电机类型、规格的代号。Y160M-4 中，"Y"表示笼式异步电动机（YR 为线绕式异步电动机，YB 为防爆型异步电动机，YQ 为高启动转矩异步电动机），160 为机座中心高度，M 表示中机座（L 为长机座，S 为短机座），4 表示磁极数。

（2）额定功率：在额定运行情况下，电动机轴上输出的机械功率。

（3）额定电流：电动机在额定电压和额定输出功率时，定子绕组的线电流。

```
┌────────────────────────────────────────────────────┐
│                 三相异步电动机                        │
│  型号Y160M-4                           出厂编号       │
│  额定功率4.0 kW      额定电流8.8 A      功率因素0.85   │
│  额定电压380 V       LW82dB            额定转速140 r/min│
│  接法 △      防护等级IP××      频率50 Hz   重量45 kg  │
│  防爆等级ⅡC           工作方式S1          绝缘等级F    │
│          ××电机厂        年  月  日                   │
└────────────────────────────────────────────────────┘
```

图 4-39 三相异步电动机铭牌示意图

（4）功率因素：电动机是电感性负载，定子相电流比相电压滞后一个角，cos 就是异步电动机的功率因数。

（5）额定电压：电动机额定运行时，外加于定子绕组上的线电压。

（6）LW 值：LW 值指电动机的总噪声等级。LW 值越小表示电动机运行的噪声越低，噪声单位为 dB。

（7）额定转速：电动机在额定电压、额定频率和额定功率输出时，转子的转速。

（8）接法：三相异步电动机定子绕组的连接方式，电动机应接成三角形。

（9）防护等级：指外壳防护型式的分级，以 IP44 为例，IP 表示外壳防护负荷，第一个 4 表示对固体的防护等级，第 2 个 4 表示对液体的防护等级。固体防护等级有 7 个等级，用 0~6 分别表示；液体防护等级有 9 个等级，用 0~8 分别表示。

（10）额定频率：电动机在额定运行状态下，定子绕组所接电源的频率，我们规定的额定频率为 50 Hz。

（11）工作方式：电动机的运行方式。一般分为连续（S1）、短时（S2）和断续（S3）。

（12）绝缘等级：是按电动机绕组所用的绝缘材料在使用时容许的极限温度来分级的。绝缘等级是指电机绕组采用的绝缘材料的耐热等级。按其耐热性分为 A、E、B、F、H 五种等级。每一绝缘等级的绝缘材料都有相应的极限工作允许温度，电动机运行绕组绝缘最热点的温度不得超过此温度。其技术数据见表 4-2。

表 4-2 电动机的绝缘等级参数

绝缘等级 Y	最高允许温度（℃）	绕组温升允许（K）	性能参考温度（℃）
A	105	60	80
E	120	75	95
B	135	80	100
F	155	100	120
H	180	125	145

4. 选用原则

（1）根据电动机所驱动的机械设备负载的特性和生产工艺，合理选用电动机的类型，如对电动机的启动性能、制动方式、正反转、调速等具体要求。

（2）根据机械设备所需的功率要求合理选择电动机的额定功率，一般电动机的额定功率应略大于机械设备的额定功率，以大于 10% 为宜。

（3）根据机械设备的工作性质合理选用电动机的工作制式，如断续工作制式、连续工作制式、短时工作制式等。

（4）根据机械设备的转矩、转速综合要求来合理选择电动机的极数。

（5）根据使用场所合理选用电动机的防护结构形式。

（6）根据使用单位的电网电压确定电动机的电压等级。

5. 调试与检修

三相异步电动机的调试与检测包括电动机运行前及运行中的检测工作。主要包括电动机绝缘电阻测定、检查电动机的启动、保护设备是否合乎要求、电动机的安装情况、电动机温升等。

（1）电动机绝缘电阻测定。

测定内容应包括三相相间绝缘电阻和三相绕组对地绝缘电阻。对于额定电压在 380 V 以下的电机，冷态下测得绝缘电阻大于 1 MΩ 为合格，最低限度不能低于 0.5 MΩ。如果绝缘电阻偏低，应烘干后再测。

（2）检查电动机的启动、保护设备是否合乎要求。

检查内容包括启动、保护设备的规格是否与电机配套、接线是否正确、所配熔体规格是否恰当、熔断器安装是否牢固、这些设备和电机外壳是否妥善接地。

（3）检查电动机的安装情况。

查看电动机端盖螺栓、地脚螺栓、与联轴器连接的螺钉和销子是否牢固；皮带连接是否牢固；松紧度是否适合，联轴器或皮带轮中心线是否校准；机组的转动是否灵活，有无非正常的摩擦、卡塞、异响等。

（4）观察电动机电源电压。

运行中的电动机对电源电压稳定度要求较高，电源电压允许值不得高于额定电压 10%，不低于 5%。否则应减轻负载，有条件时要对电源电压进行调整。

（5）观察电动机工作电流。

只有在额定负载下运行时，电动机的线电流才接近于铭牌上的额定值，这时电动机工作状态最好，效率最高。

（6）检查电动机温升。

温升是否正常，是判断电动机运行是否正常的重要依据之一。电动机的温升不得超过铭牌额定值。在实际应用中，如果电动机电流过大、三相电压和电流不平衡、电动机出现机械故障等均会导致温升过高，影响其使用寿命。

（7）观察有无故障现象。

对运行中的电动机，应随时检查紧固件是否松动、松脱，有无异常振动、异响，有无温升过高、冒烟，若有，应立即停车检查。

在进行以上各项修理、检查后，对电动机进行装配、安装，调整各部间隙，按规定进行检查和试车。三相异步电动机的故障现象分析与处理方法见表 4 - 3。

表 4 - 3　三相异步电动机故障分析与处理

故障现象	故障原因	处理方法
通电后电动机不能转动,但无异响,也无异味和冒烟	1. 电源未通(至少两相未通) 2. 熔丝熔断(至少两相熔断) 3. 过流继电器调得过小 4. 控制设备接线错误	1. 检查电源回路开关,接线盒处是否有断点,修复 2. 检查熔丝型号、熔断原因,换新熔丝 3. 调节继电器整定值与电动机配合 4. 改正接线
通电后电动机不转,然后熔丝烧断	1. 缺一相电源,或定子线圈一相反接 2. 定子绕组相间短路 3. 定子绕组接地 4. 定子绕组接线错误 5. 熔丝截面过小 6. 电源线短路或接地	1. 检查闸刀是否有一相未合好或电源回路有一相断线;消除反接故障 2. 查出短路点,予以修复 3. 消除接地 4. 查出误接,予以更正 5. 更换熔丝 6. 消除接地点
通电后电动机不转,但有嗡嗡声	1. 一相缺电或熔体熔断 2. 绕组首尾接反或内部接线错误 3. 负载过重,转子或生产机械卡塞 4. 电源电压过低 5. 轴承破碎或卡住	1. 检查缺电原因,更换同规格熔体 2. 检查并更正错接绕组 3. 减轻负载或排除卡塞故障 4. 检查电源线是否过细,使线路损失大,或误接 Δ/Y 5. 修理或更换轴承
启动困难,启动后转速严重低于正常值	1. 电源电压严重偏低 2. Δ/Y 接反 3. 定子绕组局部接错、接反 4. 笼型转子断条 5. 绕组局部短路(匝间短路) 6. 负载过重	1. 检查电源,有条件时设法改善 2. 改正联接 3. 检查改正错误接绕组 4. 修复断条 5. 排除短路点 6. 适当减轻负载
三相空载电流过大	1. 绕组重绕时,匝数过量减少 2. 误将 Y 联接成 Δ 接 3. 电源电压偏高 4. 气隙过大或不均匀 5. 转子装反,定转子铁芯未对齐 6. 热拆旧绕组时损坏铁芯质量变差	1. 按规定重绕定子绕组 2. 检查并更正联接 3. 检查电源电压 4. 更换转子并调整气隙 5. 重新装配转子 6. 重新计算绕组,适当增加匝数
运行中发出异响	1. 转子扫膛 2. 扇叶与风罩摩擦 3. 轴承缺油,干摩擦 4. 轴承损坏或润滑油中有硬粒异物 5. 定、转子铁芯松动 6. 电源电压过高或不平衡	1. 检查并排除原因 2. 调整相对位置或更换修复 3. 清洁并加足润滑油 4. 更换轴承,清洗更换润滑油 5. 修复紧固松动部位 6. 检查电源,有条件时设法调整

76

第5章
导线的连接与绝缘及室内配线

　　导线也称为电线，其主要作用是将电源和负载连接起来。导线一般由铜或铝制成，也有用银线所制，用来疏导电流或者导热。

5.1　常用的导线与分类

　　常用导线的材料是铜和铝，因为铜和铝的电阻率较小、导电性能好。其中，铜线损耗比较低，机械性能优于铝线，且延展性好，便于安装和加工。与铜线相比，铝线的导电性能稍差，但价格便宜，重量轻，在输电系统中大量使用。对于长距离架空线路，一般采用钢芯铝绞线，其特点是强度高，质量轻。在表示导线技术数据时，使用"L"表示铝材，"G"表示钢芯，"J"表示绞线，其中数字表示导线的截面积（mm²）。例如 LGJ－120 是钢芯铝绞线，截面积是 120 mm²。部分常用导线、电缆的安全载流量如表 5－1，表 5－2，表 5－3 所示。

表 5－1　橡皮或塑料绝缘线安全载流量表

规格（mm）	标称截面（mm²）	安 全 载 流 量 （A）			
		BX	BLX	BV	BLV
1×1.13	1	20		18	
1×1.37	1.5	25		22	
1×1.76	2.5	33	25	30	23
1×2.24	4	42	33	40	30
1×2.73	6	55	42	50	40
7×1.33	10	80	55	75	55
7×1.76	16	105	80	100	75
7×2.12	25	140	105	130	100
7×2.50	35	170	140	160	125
19×1.83	50	225	170	205	150
19×2.14	75	280	225	255	185
19×2.50	95	340	280	320	240

　　说明：BX(BLX)铜(铝)芯橡皮绝缘线或 BV(BLV)铜(铝)芯聚氯乙烯塑料绝缘线，广泛应用于 500 V 及以下交直流配电系统中，作为线槽、穿管或架空走道敷设的机间联线或负荷电源线。但截面在 0.5 mm² 及以下者，仅在电源设备内部作布线用。此表所列数据为周围温度为 35℃、导线为单根明敷时的安全载流量值。

表 5－2 LJ裸铝绞线技术数据表

规格(mm)根数线径	标称截面(mm²)	直流电阻(20℃)(Ω/km)	重量(kg/km)	安全载流量(A)
7×1.70	16	1.847	44	105
7×2.12	25	1.188	68	135
7×2.50	35	0.854	95	170
7×3.00	50	0.593	136	212
7×3.55	70	0.424	191	265

说明：LJ裸铝绞线主要适用于交流高、低压架空线路中。

表 5－3 电力电缆埋设时安全载流量表

标称截面(mm²)	橡皮或塑料绝缘电力电缆(500 V)						油浸纸绝缘电力电缆			
	铜芯			铝芯			铜芯		铝芯	
	单芯	二芯	三芯	单芯	二芯	三芯	三芯(10 kV)	四芯(1 kV)	三芯(10 kV)	四芯(1 kV)
2.5(1.5)	48	39	34	38	30	26				
4(2.5)	64	49	44	50	37	34		46		35
6(4)	80	62	53	64	49	41		55		42
10(6)	111	94	80	87	71	62		78		60
16(6)	148	120	102	115	94	80	75	105	67	83
25(10)	191	156	134	150	120	102	100	138	79	106
35(10)	232	187	160	182	143	125	120	161	101	124
50(16)	289	236	200	227	183	156	150	198	123	152
70(25)	348	285	245	273	218	187	180	244	145	184
90(35)	413	344	294	323	262	227	215	285	180	220
120(35)	471	396	344	369	302	263	245	322	211	248

说明：标称截面一栏，括号内数字为四芯电力电缆中性线截面积。表中所列均为交流值。

1. 绝缘电线

绝缘电线是使用铜材或铝材作为导电线芯，外层敷绝缘材料。常用的绝缘材料有聚氯乙烯塑料(PVC)、橡胶等，按材质可分为聚氯乙烯(PVC)绝缘电线、橡皮绝缘电缆、四氟乙烯线、硅橡胶导线等类型。

2. 裸导线

裸导线只有导电芯，不带绝缘和保护层。常用的裸导线有绞线、软接线和型线等，其按外形可分为单线、绞线和型线。

3. 电缆

电缆由多根相互绝缘的导电芯构成，外层有绝缘层和保护层。外层保护层一般为钢丝或钢带制成，用于防止机械损伤和腐蚀，外层覆盖麻被或塑料护套。电缆可以直接埋入地下，其成本高、维修不便，但运行可靠，在有腐蚀性气体或易燃、易爆场合需使用电缆。

另外，导线按防火要求可分为普通型和阻燃型；按线芯分 RV 线（单根 0.3 mm 左右）、BV、BVR（单股 0.5 mm 左右）；按温度分为普通 70℃ 和耐高温 105℃；按颜色分黑线、色线等；按电压等级分为 300/500 V、450/750 V、600/1000 V 及 1000 V 以上。

5.2　导线的连接与绝缘

导线的连接与绝缘的恢复是电气操作的基本技能，导线的连接好坏关系着电路设备运行的可靠性和安全性。对导线连接的基本要求是连接可靠、绝缘性能好、机械强度高和耐腐蚀性强。导线的连接一般包括绝缘层去除、导线的焊锡处理、连接、绝缘层恢复等步骤。

5.2.1　导线绝缘层的去除

对于芯线截面积为 4 mm^2 以下的塑料硬线，导线绝缘层的去除方法是用左手捏住电线，根据线头所需长短用斜口钳切割部分绝缘层，但不可切入芯线，将电线转动 180°，再用斜口钳切割另一部分绝缘层，同样不可切入芯线，然后用右手握住斜口钳头部用力向外勒去塑料绝缘层。剖削好的芯线应保持完整无损，如损伤较大，应重新剖削。对于芯线截面积为 4 mm^2 及以上的塑料硬线，一般用电工刀来剖削绝缘层，首先根据所需长度用电工刀以 45°角倾斜切入塑料绝缘层，接着刀面与芯线保持 25°角左右，用力向线端推削，削去上面一层塑料绝缘层，注意不可切入芯线，将下面塑料绝缘层向后扳翻，最后用电工刀齐根切去。

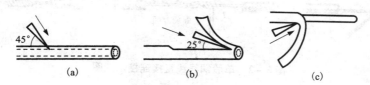

图 5-1　使用电工刀去除塑料导线绝缘层示意图

对于塑料软线绝缘层只能用剥线钳或钢丝钳和斜口钳剖削绝缘层，不能用电工刀剖削，方法与截面积为 4 mm^2 及以下的塑料硬线相同。

5.2.2　导线的连接

1. 导线连接的基本要求

导线连接的基本要求是连接后连接部分的电阻值不大于原导线的电阻值，连接部分的机械强度不小于原导线的机械强度。低压技术规程要求导线连接应符合以下规定：

（1）刨切导线绝缘时，不应损伤线芯。

（2）导线中间连接和分支连接应使用熔焊、线夹、瓷接头或压接法连接。

（3）导线焊接后，接线头的残余焊药和焊渣应清除干净。焊锡应灌得饱满，不应使用酸性焊剂。

（4）接头应用绝缘带包缠均匀、严密，不低于原导线的绝缘强度。

（5）分支线的连接处，干线不应受来自支线的横向拉力。

（6）截面 10 mm² 及以下单股铜芯线，2.5 mm² 及以下的多股铜芯线和单股铝线与电器的端子可直接连接，但多股铜芯线应先拧紧挂锡后再连接。

（7）多股铝芯线和截面超过 2.5 mm² 的多股铜芯线的终端，应焊接或压接端子后，再与电器的端子连接。

2. 导线连接的常用方法

根据导线类型和连接形式的不同，导线连接的方法也不同。常用的连接方法有绞合连接、紧压连接、焊接等。

（1）绞合连接。

绞合连接是指将需连接导线的芯线直接紧密绞合在一起。铜导线常用绞合连接，而铝导线虽然也可采用绞合连接，但铝芯线的表面极易氧化，日久将造成线路故障，因此铝导线通常不采用此法连接。

a. 单股铜导线的连接。单股铜导线的连接方法有直接连接和分支连接，直接连接方法如图 5-2 所示，先将导线线芯的线头作 X 形交叉，再相互缠绕 2~3 圈后扳直线头，然后将线头在另一根线芯上紧绕 5~6 圈即可。单股铜导线的分支连接又可分为 T 字分支连接和十字分支连接。T 字分支连接如图 5-3 所示，将支路芯线紧绕干路芯线 5~8 圈即可。十字分支连接如图 5-4 所示，方法是将上下支路芯线紧绕在干路芯线上 5~8 圈后剪去多余的线头即可。

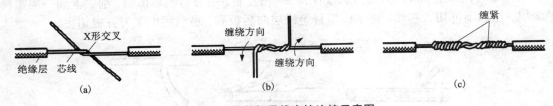

图 5-2　单股铜导线直接连接示意图

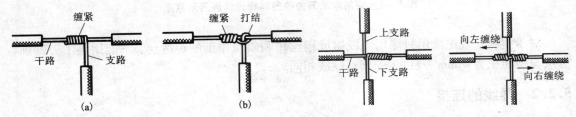

图 5-3　单股铜导线 T 字分支连接示意图　　图 5-4　单股铜导线十字分支连接示意图

b. 多股铜导线的连接。多股铜导线的连接也有直接连接和分支连接两种方法。直接连接如图 5-5 所示，先将靠近绝缘层三分之一部分的多股芯线绞合拧紧，其余的三分之二芯线散开成伞状互相插入后捏平；再将每根导线的芯线线头分为三组，然后每组线头翘起并紧缠在另外一根导线上。多股铜导线的分支连接如图 5-6 所示，将支路芯线 90°折弯后与干路芯线并行，再将线头紧缠在芯线上。

c. 多芯电线电缆的连接。多芯护套线或多芯电缆连接时，为了防止线间漏电或短路，要

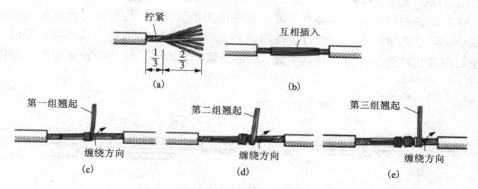

图 5-5　多股铜导线的直接连接示意图

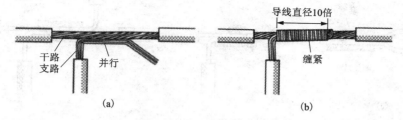

图 5-6　多股铜导线的分支连接示意图

将各芯线的连接点互相错开位置,图 5-7(a)
所示为双芯护套线的连接情况,图 5-7(b)所
示为三芯护套线的连接情况,图 5-7(c)所示
为四芯电力电缆的连接情况。

（2）紧压连接。

紧压连接是用铜或铝套管套在被连接的
芯线上,再用压接钳压紧套管使芯线保持连
接。铜导线和铝导线都可以采用紧压连接,
铜导线的连接应采用铜套管,铝导线的连接
应采用铝套管。紧压连接前应先清除导线芯
线表面和压接套管内壁上的氧化层和粘污物,
以确保接触良好。

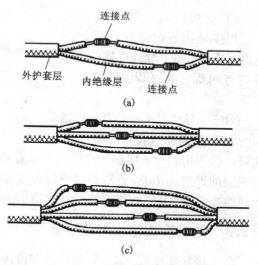

图 5-7　多芯电线电缆的连接示意图

紧压连接主要包括螺钉压接法、压接管
压接法。螺钉压接法是将剖除绝缘层的铝芯
线头用钢丝刷或电工刀去除氧化层,涂上中性凡士林后,将线头伸入接头的线孔内,再旋转
压线螺钉压接。线路上导线与开关、灯头、熔断器、仪表、瓷接头和端子板的连接,多用螺钉
压接。单股小截面铜导线在电器和端子板上的连接亦可采用此法。

压接管压法的压接套管截面有圆形和椭圆形两种,对于圆截面套管内可以穿入一根导
线,椭圆截面套管内可以并排穿入两根导线。圆截面套管使用时,将需要连接的两根导线的
芯线分别从左右两端插入套管相等长度,以保持两根芯线的线头的连接点位于套管内的中

间，然后用压接钳或压接模具压紧套管，一般情况下只要在每端压一个坑即可满足接触电阻的要求。在对机械强度有要求的场合，可在每端压两个坑，对于较粗的导线或机械强度要求较高的场合，可适当增加压坑的数目。椭圆截面套管使用时，将需要连接的两根导线的芯线分别从左右两端相对插入并穿出套管少许，然后压紧套管即可。导线的紧压连接示意图如图5-8所示。

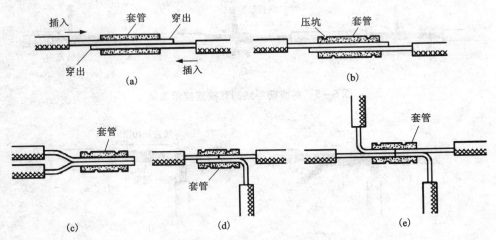

图5-8　导线的紧压连接示意图

（3）焊接。

焊接是指通过熔化金属融合从而来连接导线，导线连接的焊接种类有锡焊、电弧焊、钎焊和气焊等。

对于铜导线接头的焊接，焊接前应先清除铜芯线接头部位的氧

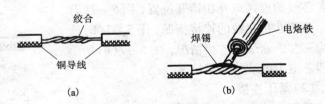

图5-9　导线连接的焊接示意图

化层和黏污物。为了增加连接的机械强度和可靠性，可将待连接的两根芯线先行绞合，再涂上无酸助焊剂，用电烙铁蘸焊锡进行焊接即可，如图5-9所示。焊接中应使焊锡充分熔融渗入导线接头缝隙中，焊接完成的接点应牢固光滑。

5.2.3　导线接头绝缘层的恢复

在连接好导线后，需要对连接的部位进行绝缘处理，以恢复导线的绝缘性能，绝缘层的恢复要求是恢复后的绝缘强度应不低于所连接导线原有的绝缘强度。通常采用绝缘胶带包缠法对导线接头的绝缘层进行恢复，常用的绝缘带有黑胶布带、橡胶胶带、涤纶薄膜带、塑料胶带等。

一般常见的一字形连接导线接头的绝缘处理如图5-10所示。先将绝缘胶带从接头左边的绝缘层上开始包缠，在绝缘层上包缠两圈，再包缠接头的芯线部分，如图5-10（a）所示。包缠时胶带应与导线成55°左右倾斜角，每圈压叠带宽的1/2，如图5-10（b）所示。一直从左到右进行包缠，直到包缠到接头右边两圈距离的完好绝缘层处，如图5-10（c）。然后按另

一斜叠方向从右向左包缠，仍每圈压叠带宽的 1/2，直至将胶带完全包缠住，如图 5 - 10(d)所示。在包缠的过程中要求用力拉紧胶带，注意不可稀疏，更不能露出芯线，以确保绝缘质量和用电安全。

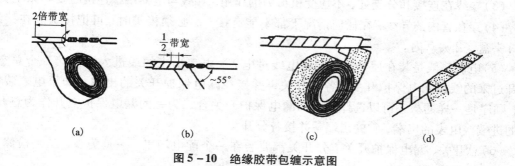

图 5 - 10　绝缘胶带包缠示意图

5.3　室内配线

　　室内配线主要包括室内照明和室内动力配线，还有些火灾报警、电缆电视、网络、电话、智能家居等家用电器弱电系统的配线工程。按照线路的敷设方式配线可以分为明配线和暗配线两种，明配线是指导线沿建筑物表面敷设，如管线沿墙壁、天花板等表面进行敷设。暗配线是指导线在建筑物内部进行敷设，如管线敷设在墙壁内、地面下等。

5.3.1　室内配线的基本原则和要求

1. 室内配线的基本原则

　　室内配线不仅要使电能传送安全可靠，而且要使线路布置整齐、合理、正规、安装牢固。室内配线，首先应符合以下电气装置安装的基本原则。

　　(1)安全。室内配线及电器设备必须保证安全运行。因此，施工时选用的电器设备和材料应符合图纸要求，必须是合格产品。施工中对导线的连接、接地线的安装以及导线的敷设等均应符合质量要求，以确保运行安全。

　　(2)可靠。室内配线是为了供电给用电设备而设置的。有的室内配线由于不合理的设计与施工，造成很多隐患，给室内用电设备运行的可靠性造成很大影响。因此，必须合理布局，安装牢固。

　　(3)经济。在保证安全可靠运行和发展的可能条件下，应该考虑其经济性，选用最合理的施工方法，尽量节约材料。

　　(4)方便。室内配线应保证操作运行可靠，使用和维修方便。

　　(5)美观。室内配线施工时，配线位置及电器安装位置的选定，应注意不要损坏建筑物的美观，且应有助于建筑物的美化。

　　配线施工除考虑以上基本原则外，在整个施工过程中，还应严格按照其技术要求，进行合理的施工。

2. 室内配线的基本要求

　　(1)所用导线的额定电压应大于线路的工作电压。导线的绝缘应符合线路的安装方式和敷设环境的条件，导线截面应能满足供电质量和机械强度的要求。

（2）导线敷设时，应尽量避免接头。因为常常由于导线接头质量不好而造成事故。若必须接头时，应采用压接或焊接。

（3）导线在连接和分支处，不应受机械力的作用，导线与电器端子连接时要牢靠压实。

（4）穿在管内的导线，在任何情况下都不能有接头，必须接头时，可把接头放在接线盒或灯头盒、开关盒内。

（5）电表一般是装在屋外，总干路电线进电表，电表出来的线进入室内接一个总空开，空开过来的线接漏电保护开关，各分开关再并接在漏电保护开关的出端。如果电表装在室内，顺序是一样的。还可以选择空开和漏电保护开关合二为一的漏电保护空开作为总开关。它的进端接电表的出端，它的出端就并接各分开关。

（6）总开关、漏电保护开关、分开关都要装在一个配电箱里，一是美观，二是检修时方便，三是好走线。

（7）总开关是控制室内所有的线路，当它断开时，室内全部断电。当它接通时，室外的电源就可以进入到室内，一般是用空气开关（低压断路器）或漏电保护空开做总开关，它的额定电流要大些，视室内总的用电负载而定。分开关都用空开，分别用来控制室内的各条线路，它的额定电流要小一些，视每一条线路的用电负载而定。

（8）分路开关要用空气开关，当分路有短路故障时，空开可以跳开，起到保护作用，也有利于检修。

（9）照明线路和插座线路要分开走线，分别用空气开关进行控制，小型空调的插座可以与其他的插座共为一条线路，但最好是单独走线，大空调就一定要单独为一条分路。如果不计成本，每一个房间的照明、插座都可以单独作为一条分路，这样既安全，检修又方便。

5.3.2　室内配线的主要方式和工序

1. 室内配线的主要方式

室内配线的主要方式通常有瓷（塑料）夹板配线、瓷瓶配线、槽板配线、护套线配线、电线管配线等。照明线路中常用的是瓷夹板配线、槽板配线和护套线配线；动力线路中常用的是瓷瓶配线、护套线配线和电线管配线。目前瓷瓶配线使用较少，多用塑料槽板配线和护套线配线。

2. 室内配线的主要工序

（1）定位划线。按设计图纸确定灯具、插座、开关、配电箱、启动装置等设备的位置。

（2）沿建筑物确定导线敷设的路径、穿越墙壁或楼板时的具体位置。

（3）预埋支持件。在土建未涂灰前，在配线所需的各固定点打好孔眼，预埋绕有铁丝的木螺钉、螺栓或木砖。

（4）装设绝缘支持物、线夹或管子。

（5）敷设导线。

（6）安装灯具、开关及电器设备等。

（7）处理导线的连接、分支和封端，并将导线出线接头和设备相连接。

（8）校验、自检、试通电。

3. 几种常见配线方法介绍

（1）塑料护套线的配线。

塑料护套线是一种将双芯或多芯绝缘导线并在一起，外加塑料保护层的双绝缘导线，具有防潮、耐酸、耐腐蚀及安装方便等优点。广泛用于家庭、办公等室内配线中。塑料护套线一般用铝片或塑料线卡作为导线的支持物，直接敷设在建筑物的墙壁表面，有时也可直接敷设在空心楼板中。护套线配线的步骤与工艺要求：

a. 画线定位。先确定起点和终点位置，用弹线袋画线。再设定铝片卡的位置，要求铝片卡之间的距离为 150～300 mm。在距开关、插座、灯具的木台 50 mm 处及导线转弯两边的 80 mm 处，都需设置铝片卡的固定点。

b. 铝片卡或塑料卡的固定。铝片卡或塑料卡的固定应根据具体情况而定。在木质结构、涂灰层的墙上，选择适当的小铁钉或小水泥钉即可将铝片卡或塑料卡钉牢；在混凝土结构上，可用小水泥钉钉牢，也可采用环氧树脂粘接。

c. 敷设导线。为了使护套线敷设得平直，可在直线部分的两端各装一副瓷夹板。敷线时，先把护套线一端固定在瓷夹内，然后拉直并在另一端收紧护套线后固定在另一副瓷夹中，最后把护套线依次夹入铝片卡或塑料卡中。护套线转弯时应成小弧形，不能用力硬扭成直角。

（2）线管的配线方法。

把绝缘导线穿在管内敷设，称为线管配线。线管配线有耐潮、耐腐、导线不易遭受机械损伤等优点。适用于室内、外照明和动力线路的配线。线管配线有明装式和暗装式两种。明装式表示线管沿墙壁或其他支撑物表面敷设，要求线管横平竖直、整齐美观；暗装式表示线管埋入地下、墙体内或吊顶上，不为人所见，要求线管短、弯头少。线管配线的步骤与工艺要点：

a. 线管的选择。选择线管时，通常根据敷设的场所来选择线管类型；根据穿管导线截面和根数来选择线管的直径。

b. 防锈与涂漆。为防止线管年久生锈，在使用前应将线管进行防锈涂漆。先将管内、管外进行除锈处理，除锈后再将管子的内外表面涂上油漆或沥青。在除锈过程中，还应检查线管质量，保证无裂缝、无瘪陷、管内无锋口杂物。

c. 锯管。根据使用需要，必须将线管按实际需要切断。切断的方法是用管子台虎钳将其固定，再用钢锯锯断。锯割时，在锯口上注少量润滑油可防止钢锯条过热；管口要平齐，并锉去毛刺。

d. 钢管的套丝与攻丝。在利用线管布线时，有时需要进行管子与管子、管子与接线盒之间的螺纹连接。为线管加工内螺纹的过程称为攻丝；为线管加工外螺纹的过程称为套丝。攻丝与套丝的工具选用、操作步骤、工艺过程及操作注意事项要按机械实训的要求进行。

e. 弯管。根据线路敷设的需要，在线管改变方向时需将管子弯曲。管子的弯曲角度一般不应小于 90°，其弯曲半径可以这样确定：明装管至少应等于管子直径口的 6 倍；暗装管至少应等于管子的直径的 10 倍。

f. 布管。管子加工好后，就应按预定的线路布管。

5.4　室内照明线路的安装与检修

电气照明就是利用一定的装置和设备将电能转换为光能，从而为人们的生活、工作和生产提供照明,照明装置的安装和维修是维修电工所必需掌握的基本技能之一。室内照明线路一般由电源、开关、导线及负载(灯具)四部分组成,通常采用明线安装和暗线安装两种方式,现实生活中为了满足美观需要,基本上是采用热缩塑料管暗敷的管道配线方式,灯具一般使用电子节能型灯具、白炽灯、日光灯等,一般城镇家庭采用电子节能型灯具较多,农村采用普通白炽灯、日光灯的家庭较多。

5.4.1 室内照明线路的安装

1. 插座的安装

插座是台灯、电风扇、洗衣机、电视机、电冰箱等家用电器和其他用电设备的供电点,插座一般不用开关控制而直接接入电源。插座分双孔、三孔和四孔三种,根据安装形式的不同又可以分为明装式和暗装式两种。常见插座的外形如图 5-11 所示。

(a)明装单相　　　　(b)明装单相　　　　(c)暗装单相　　　　(d)暗装三相　　　　(e)暗装单相双孔
双孔插座　　　　　　三孔插座　　　　　　三孔插座　　　　　　四孔插座　　　　　　和三孔插座

图 5-11　常见插座外形图

(1)插座安装工艺要求。

a. 插座的安装高度一般应与地面保持 1.3 m 的垂直距离,个别场所允许低装时离地面不得低于 0.15 m。

b. 在儿童活动场所应采用安全插座,如果是采用普通插座时,其安装高度不应低于 1.5 m,托儿所、幼儿园和小学等儿童场所禁止低装。

c. 同一室内安装的插座高低差不应大于 5 mm,成排安装的插座高低差不应大于 2 mm。

d. 落地插座应有保护盖板,在特别潮湿和有易燃、易爆气体及粉尘的场所不应装设插座。

e. 在同一块圆木上安装多个插座时,每个插座的相应位置、孔眼的相位必须相同,接地孔的接地必须正规。相同电压和相数的应选用同一结构的插座,不同电压和相数的,应当选用具有明显区别的插座,并标明电压。

f. 插座必须装在固定的绝缘板上,不许用电线吊用;使用插座时,绝对禁止将电源接在插头上;禁止电线直接插入插孔内。

(2)插座的接线。

对于两孔插座,横装时,面对插座的右极接相线,左极接中线;竖装时,面对插座的上极接相线,下极接中性线。对于单相三孔插座,面对插座上极接保护线,右下极接相线,左下极接中线。对于四孔插座,面对插座上极接中线或保护线,其余三孔接三根不同的相线,如图 5-12 所示。

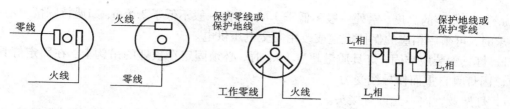

图 5 – 12　常见插座接线图

2．开关的安装

在各类型的开关中，普通拉线开关适用于一般场所，平开关、按钮开关和钮子开关适用于手能触及的户内一般场所，暗装开关适用于采用暗敷管线的建筑物。此外，还有吊装式、防水式等各种开关。

对于明装开关，先将盒内引出的导线由塑料台的出线孔中穿出，再将塑料台紧贴于墙面用螺丝固定在盒子上。塑料台固定后，将引出的相线、中性线按各自的位置从线孔中穿出，按接线要求将导线压牢。然后将开关或插座贴于塑料台上，对中找正，用木螺丝固定牢。最后再把盖板上好。如果是明配线，台上的隐线槽应先顺对导线方向，再用螺丝固定牢固。

对于暗装开关，先将开关的面板与盒内引出的导线连接好，然后将开关推入盒内，对正盒眼，用螺丝固定牢固。固定时要使面板端正，并与墙面平齐。

3．灯具的安装

（1）灯具的安装方式。

照明灯具的安装方式根据设计施工的要求不同而各不相同，通常采用以下几种方式：

a．悬吊式。悬吊式又分为吊线式、吊管式和吊链式。吊线式直接由软电线承受灯具重量（如普通白炽灯）。由于其挂线盒内接线柱承受重量较小，软线在挂线盒出口内侧应打结以承受灯具重量。吊链式和吊管式的灯具一般重量较大，在暗管配线安装时，用吊管式更为美观方便，其结构如图 5 – 13 所示。

吊线灯　　吊管灯　　吊链灯			
（a）悬吊式	（b）吸顶式	（c）嵌入式	（d）壁式

图 5 – 13　常见灯具的安装方式图

b．吸顶式和嵌入式。吸顶式是利用木台（圆木）将灯具安装在天花板上。嵌入式适用于室内有吊顶的场所。在制作吊顶时，应根据灯具的尺寸留出位置，然后将灯具装在留有位置的吊顶上，如图 5 – 13 所示。

c．壁式。壁式灯简称为壁灯，通常安装在墙壁和柱上。为了安装牢固，应先根据情况安装木榫、膨胀螺柱等紧固件，然后再固定灯具。

（2）灯具的安装要求。

灯具不论采用何种方式来进行安装，都必须遵守以下的基本原则：

a. 灯具安装的高度，室外一般不低于3 m，室内一般不低于2.5 m，如遇特殊情况不能满足要求时，可采用相应的保护措施或改用安全电压供电。

b. 灯具安装应牢固，灯具质量超过1 kg时，必须固定在预埋的吊钩上，在固定灯具时，不应该因灯具自重而使导线受力。

c. 灯架及管内不允许有接头。

d. 导线在引入灯具处应有绝缘物保护，以免磨损导线的绝缘，也不应使其受到应力，此外，导线的分支及连接处应便于检查。

e. 必须接地或接零的灯具外壳应有专门的接地螺栓和标志，并和地线（零线）良好连接。

f. 室内照明开关一般安装在门边便于操作的位置，拉线开关一般距离地2～3 m，暗装翘板开关一般离地1.3 m，与门框的距离一般为150～200 mm。

g. 明装插座的安装高度一般应离地1.4 m。暗装插座一般应离地300 mm，同一场所暗装的插座高度应一致，其高度相差一般应不大于5 mm；多个插座成排安装时，其高度差应不大于2 mm。

（3）日光灯的安装。

日光灯是气体放电光源，常用于办公场所、教学场所、商场、家庭等需要长时间照明的环境。其特点是效率高，寿命长，光线柔和，接近自然光。安装方式一般为悬吊式、壁式和吸顶式等。

日光灯需要启动电路，可分为电子式和电感式两种启动电路。电子式由灯管、灯架、电子镇流器等组成，接线如图5-14所示。电感式由灯管、灯架、电感镇流器、启辉器及电容器等组成，接线如图5-15所示。

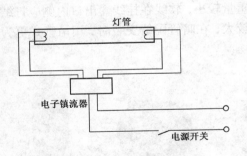

图5-14　电子式日光灯接线图

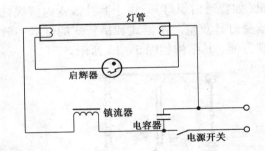

图5-15　电感式日光灯接线图

日光灯的安装工艺：①根据日光灯管的要求，准备好与之配套的灯架。②将镇流器安装在灯架的中间位置，对于电感式日光灯将两个灯座分别固定在灯架的两端，启辉器座安装在灯架的一端，各部件位置固定后，按电路图接线。③灯架的固定。固定灯架的方式有吸顶式和悬吊式，安装前先在设计的固定点打孔预埋合适的紧固件，然后将灯架固定在紧固件上。④最后把启辉器旋入底座，把日光灯管装入灯座，接线检查无误后，可通电实验。

（4）白炽灯的安装。

白炽灯发光的原理是靠电流加热灯丝至白炽状态而发光的，是热辐射光源。白炽灯结构简单，易于制造，一般由玻璃泡壳、灯丝、支架、引线、灯头等组成。充气式灯泡是在玻璃泡内抽成真空后再充入惰性气体，而非充气式灯泡是把玻璃泡内抽成真空。白炽灯有普通照明灯泡和低压照明灯泡之分，普通灯泡额定电压一般为 220 V，功率为 10 ~ 1000 W，灯头有插口和螺口之分。低压灯泡额定电压为 6 ~ 36 V，功率一般不超过 100 W，用于局部照明和携带照明。

白炽灯照明电路由灯具、开关、导线及电源组成，安装方式一般为悬吊式、壁式和吸顶式。白炽灯安装时需要与配套的灯座一起使用，常见的灯座有螺口吊灯座、螺口平灯座、插口吊灯座、插口平灯座，适用于户内一般场所的吊式灯和平装灯。

安装照明电路遵循火线进开关，开关灯具要串联，照明电路间要并联的原则。照明电路安装时候需要注意：①相线和零线应严格区分，将零线直接接到灯座上，相线经过开关再接到灯头上。对螺口灯座，相线必须接在螺口灯座中心的接线端上，零线接在螺口的接线端上，千万不能接错，否则就容易发生触电事故。②导线与接线螺钉连接时，先将导线的绝缘层剥去合适的长度，再将导线拧紧以免松动，最后环成圆扣。圆扣的方向应与螺钉拧紧的方向一致，否则旋紧螺钉时，圆扣就会松开。③当灯具需接地（或接零）时，应采用单独的接地导线接到电网的零干线上，以保证安全、可靠。其安装的主要步骤是：①安装塑料台。将塑料台的安装孔对准预埋的木榫、胀塞等，用螺丝将塑料台固定牢固。②安装挂线盒。将接灯线穿过挂线盒，把挂线盒固定在塑料台上。然后将伸出挂线盒底座的线头剥去大约 20 mm 绝缘层，分别压接在挂线盒两个接线柱上。③平灯座直接固定在塑料台上。吊灯座与挂线盒配合使用，吊灯座与挂线盒之间的连接线应用软线，并在灯座与挂线盒内各打一个结。④安装开关、插座等。

5.4.2 室内照明线路的配线

1. 室内照明线路配线的一般要求

室内照明线路配线应按图施工，严格执行有关规定进行。施工过程中，首先应符合电气装置安装的基本要求，即安全、可靠、经济、方便和美观。

2. 室内照明线路配线的工序

（1）首先熟悉设计施工图，做好预留预埋工作。主要有电源引入方式的预备预埋位置，电源引入配电箱的路径，垂直引上、引下以及水平穿越梁、柱、墙等的位置和预埋保护管。

（2）按设计施工图确定灯具、插座、开关、配电箱及电气设备的准确位置，并沿建筑物确定导线敷设的路径。

（3）将配线中所有的固定点用手电钻等打好眼孔，将预埋件埋齐，并检查有无遗漏和错位。

（4）装设绝缘支承物、线夹、线槽或线管及开关箱、盒、木台等。

（5）敷设导线、连接导线，并将剥削好的导线线头与电器件及设备连接。

（6）线路检测。检验配线是否符合工程设计要求，用万用表、兆欧表等对线路进行绝缘状况、线路连接、线路通断等方面的检测。

（7）通电测试。检测无误后通电实验，要注意未经检测的线路严禁通电。

5.4.3 室内照明线路的检修

在处理故障前应进行故障检查，应先向出事故时在现场者或操作者了解故障前后的情况，沿线路巡视，查看线路上有无明显问题，如：导线破皮、相碰、断线、灯丝断、灯口有无进水、烧焦等，以便初步判断故障种类及故障发生的部位。如果某一部分电灯突然熄灭是在开某一盏灯或在某一插座上抽电器时发生的，这时应检查熔断器，若发现熔丝爆熔，则可以大致判断是由于某盏灯或某插座处有短路故障，然后进一步查实。若是在无任何人开灯或开其他电器的情况下电灯忽然熄灭，则可待查熔断器熔丝，看是否因过负荷而造成熔丝熔断。然后再进行下述检查。

1．一般检查

（1）检查熔断器熔丝（保险丝）的额定电流是否符合要求，灯泡功率是否超过灯具的额定功率。

（2）检查灯具各部件是否有松动、脱落、损坏。

（3）检查照明灯具有无单独熔丝（飞保险）保护；露天场所的照明灯是否采用了防水灯口；照明灯具的开关控制箱是否漏雨，灯具的泄水孔是否通畅等。

2．通过检查熔断器判断故障

（1）如果熔断器发生熔丝爆熔，即整条熔丝均被烧熔。一般是因短路电流太大使熔丝爆熔，可判断线路上有短路故障。

（2）如果熔断器的熔丝只是一小段熔断，用手触摸保险丝插盖，发现保险丝插盖温度比较高，则可以判断熔丝熔断是由于线路超负荷造成的，因为线路超负荷电流大，电流超过保险丝的额定值会引起发热。

3．用试电笔、万用表、试灯等进行检测判断故障

在对线路、熔断器、刀开关、灯具、插头插座以及家用电器进行直观检查后，可利用试电笔、万用表或试灯等进行测试，来检查线路故障。在检查有断路故障的线路时，在其大约一半的部位找一测试点，用试灯、试电笔、万用表等进行测试。若该测试点有电，则可确定断路点在测试点负荷一侧；若该测试点无电，则说明断路点在该测试点电源一侧。依此类推，可以很快趋近并找到断路点，如图5-16所示。

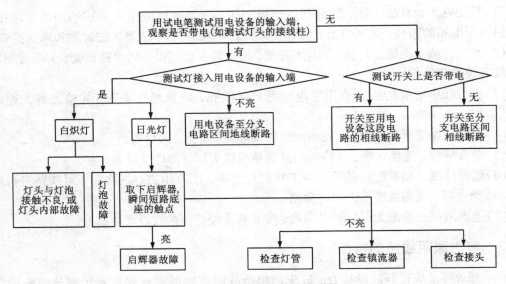

图5-16　照明线路故障检测图

90

第6章
焊接技术

　　装配、焊接是电子设备制造中极为重要的一个环节，任何一个设计精良的电子装置，如果没有相应的工艺保障是很难达到技术指标的。从元器件选择、测试，直到装配成一台完整的电子产品，需要经过多道工序。在专业生产中，多采用自动化流水线。但在产品研制、设备维修及小批量生产中，目前仍广泛地使用手工装配焊接方法。

6.1　焊接概述

1. 焊接方法

　　焊接是使金属连接的一种方法。它通过加热或加压，在两种金属的接触面，通过焊接材料的原子或分子的相互扩散作用，使两种金属间形成一种永久的牢固结合。利用焊接的方法而形成的接点叫焊点。焊接通常分为熔焊、接触焊及钎焊三大类，在电子装配中主要使用的是钎焊。

　　熔焊是在焊接过程中将工件接口加热至熔化状态，不加压力完成焊接的方法。熔焊时，热源将待焊两工件接口处迅速加热熔化，形成熔池。熔池随热源向前移动，冷却后形成连续焊缝而将两工件连接成为一体。

　　压焊是在加压条件下，使两工件在固态下实现原子间结合，又称固态焊接。常用的压焊工艺是电阻对焊，当电流通过两工件的连接端时，该处因电阻很大而温度上升，当加热至塑性状态时，在轴向压力作用下连接成为一体。

　　钎焊是在已加热的工件金属表面，熔入低于工件金属熔点的焊料，借助助焊剂的作用，依靠毛细现象，使焊料浸润工件金属表面，并发生化学反应，生成合金层，从而使工件金属表面与焊料结合为一体。钎焊按焊料熔点的不同分为硬钎焊（焊料熔点高于450℃）与软钎焊（焊料的熔点低于450℃）。采用锡铅焊料进行焊接称为锡铅焊，简称锡焊，它是软焊的一种。

2. 手工锡焊的工艺要素

　　（1）工件金属材料应具有良好的可焊性。

　　（2）工件金属表面应洁净。

　　（3）正确选用助焊剂。

　　（4）正确选用焊料。

　　（5）控制焊接温度和时间。

3. 钎焊中对于焊点的质量要求

　　（1）电气性能良好。

　　（2）具有一定的机械强度。

(3)焊点上的焊料要适量。

(4)焊点表面应光亮且均匀。

(5)焊点不应有毛刺、空隙。

(6)焊点表面必须清洁。

6.2 焊接工具与焊接材料

6.2.1 焊接主要工具——电烙铁

1. 常用电烙铁介绍

电烙铁是最主要的焊接工具。按机械结构可分为内热式电烙铁和外热式电烙铁,按功能可分为无吸锡电烙铁和吸锡式电烙铁,根据用途不同又分为大功率电烙铁和小功率电烙铁。普通电烙铁只适合焊接要求不高的场合使用,如焊接导线、连接线等。小功率电烙铁的烙铁头温度一般在 300 ~ 400℃之间。一般元器件的焊接用 20 W 内热式电烙铁。

(1)内热式电烙铁。

常用的内热式电烙铁的工作温度有 350℃、400℃、420℃、440℃、455℃,而烙铁的功率有 20 W、25 W、45 W、75 W、100 W 等几种。内热式电烙铁由连接杆、手柄、弹簧夹、烙铁芯、烙铁头(也称铜头)五个部分组成。烙铁芯安装在烙铁头的里面(发热快、热效率高达 85% ~ 100% 以上),烙铁芯采用镍铬电阻丝绕在瓷管上制成,如图 6 - 1 所示。一般 20 W 电烙铁其电阻为 2.4 kΩ 左右,35 W 电烙铁其电阻为 1.6 kΩ 左右。

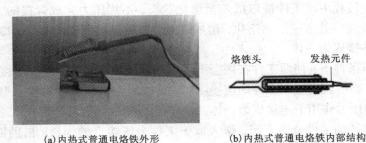

(a)内热式普通电烙铁外形   (b)内热式普通电烙铁内部结构

图 6 - 1   内热式电烙铁外形结构图

(2)外热式电烙铁。

外热式电烙铁一般由烙铁头、烙铁芯、外壳、手柄、插头等部分所组成。烙铁头安装在烙铁芯内,用以热传导性好的铜为基体的铜合金材料制成,如图 6 - 2 所示。

(3)其他烙铁。

a. 恒温电烙铁。

恒温电烙铁的重要特点是有一个恒温控制装置,使得焊接温度稳定,用来焊接较精细的 PCB 板。恒温电烙铁是由手柄、发热丝、烙铁头、电源线、恒温控制器等部分组成。恒温电烙铁的烙铁头内,装有磁铁式的温度控制器(加热棒),来控制通电时间,实现恒温的目的,如图 6 - 3 所示。在焊接温度不宜过高、焊接时间不宜过长的元器件时,应选用恒温电烙铁。

b. 吸锡电烙铁。

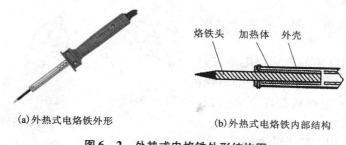

(a)外热式电烙铁外形   (b)外热式电烙铁内部结构

图6-2 外热式电烙铁外形结构图

(a)手持式   (b)台式

图6-3 恒温式电烙铁外形图

吸锡电烙铁是将活塞式吸锡器与电烙铁融于一体的拆焊工具,它具有使用方便、灵活、使用范围宽等特点,不足之处是每次只能对一个焊点进行拆焊,如图6-4所示。

c. 热风枪。

热风枪又称贴片电子元器件拆焊台。它专门用于表面贴片安装电子元器件(特别是多引脚的 SMD 集成电路)的焊接和拆卸,如图6-5所示。

图6-4 吸锡式电烙铁外形图

图6-5 热风枪外观图

2. 电烙铁的使用方法

在使用前先通电给烙铁头"上锡"。首先用锉刀把烙铁头搓成一定的形状,然后接上电源,当烙铁头温度升到能熔锡时,将烙铁头在松香上沾涂一下,等松香冒烟后再沾涂一层焊锡,如此反复进行二至三次,使烙铁头的刃面全部挂上一层锡便可使用了。

（1）电烙铁的握法。

电烙铁的握法有三种，如图 6 – 6 所示。

（a）握笔法   （b）正握法   （c）反握法

图 6 – 6   电烙铁的握法

a. 握笔法。用握笔的方法握电烙铁，适用于小功率电烙铁焊接散热量小的被焊件，如焊接收音机、电视机的印制电路板及其维修等。

b. 正握法。适用于较大的电烙铁，弯形烙铁头的一般也用此法。

c. 反握法。用五指把电烙铁的柄握在掌内，适用于大功率电烙铁，焊接散热量大的被焊件。

（2）焊锡丝的拿法。

分为连续锡焊时焊锡丝的拿法和断续锡焊时焊锡丝的拿法，如图 6 – 7 所示。由于焊丝成分中铅占一定比例，众所周知铅是对人体有害的重金属，因此操作时应戴手套或操作后洗手，避免食入。

（a）连续锡焊时焊锡丝拿法   （b）断续锡焊时焊锡丝拿法

图 6 – 7   焊锡丝的拿法

（3）电烙铁使用注意事项。

a. 根据焊接对象合理选用不同类型的电烙铁。

当焊接焊盘较大的可选用截面式烙铁头。当焊接焊盘较小的可选用尖嘴式烙铁头。当焊接多脚贴片 IC 时可以选用刀型烙铁头。当焊接元器件高低变化较大的电路时，可以使用弯型电烙铁头，如图 6 – 8 所示。

b. 使用前，认真检查电源插头、电源线有无损坏，并检查烙铁头是否松动。

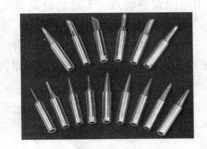

图 6 – 8   各种类型的烙铁头

新的烙铁使用前，应用细纱纸将烙铁头打光亮，通电烧热，蘸上松香后用烙铁头刃面接触焊锡丝，使烙铁头上均匀地镀上一层锡，这样可以便于焊接和防止烙铁头表面氧化。若使用时间很长，烙铁头已经氧化发黑时，要用小锉刀轻锉去表面氧化层，在其露出紫铜的光亮后用同新烙铁头镀锡的方法一样进行处理，才能使用。

c. 电烙铁使用中，不能用力敲击，要防止跌落。烙铁头上焊锡过多时，可用布擦掉，不可乱甩，以防烫伤他人。内热式电烙铁连接杆钢管壁厚度只有 0.2 mm，不能用钳子夹以免损坏。在使用过程中应经常维护，保证烙铁头挂上一层薄锡。

d. 焊接过程中，烙铁不能到处乱放，不焊时，应放在烙铁架上。注意电源线不可搭在烙铁头上，以防烫坏绝缘层而发生事故。电烙铁使用结束后，应及时切断电源，拔下电源插头，冷却后，再将电烙铁收回工具箱。

e. 一般来说电烙铁的功率越大，热量越大，烙铁头的温度越高。焊接集成电路、印制线路板、CMOS 电路一般选用 20 W 内热式电烙铁。使用的烙铁功率越大，容易烫坏元器件（一般二、三极管结点温度超过 200℃就会烧坏）和使印制板导线从基板上脱落；使用的烙铁功率

94

太小，焊锡不能充分熔化，焊剂不能挥发出来，焊点不光滑、不牢固，易产生虚焊。焊接时间过长，也会烧坏器件，一般每个焊点在 1.5~4 s 内完成。

6.2.2 焊料与焊剂

1. 焊料

能熔合两种或两种以上的金属，使之成为一个整体的易熔金属或合金都叫焊料，如图 6-9 所示。常用的锡铅焊料中，锡占 62.7%，铅占 37.3%。这种配比的焊锡熔点和凝固点都是 183℃，可以由液态直接冷却为固态，不经过半液态，焊点可迅速凝固，缩短焊接时间，减少虚焊，该点温度称为共晶点，该成分配比的焊锡称为共晶焊锡。共晶焊锡具有低熔点，熔点与凝固点一致，流动性好，表面张力小，润湿性好，机械强度高，焊点能承受较大的拉力和剪

图 6-9 焊锡丝

力，导电性能好的特点。焊锡按含锡量和杂质的化学成分分为 S、A、B 三个等级。焊接电子元件，一般采用有松香芯的丝状焊锡丝，这种焊锡丝，熔点较低，而且内含松香助焊剂，使用方便。

2. 焊剂

（1）助焊剂。

助焊剂一般可分为无机助焊剂、有机助焊剂和树脂助焊剂，能溶解去除金属表面的氧化物，并在焊接加热时包围金属的表面，使之与空气隔绝，防止金属在加热时氧化。可降低熔融焊锡的表面张力，有利于焊锡的湿润。

常用的助焊剂有松香、松香酒精助焊剂、焊膏、氯化锌助焊剂、氯化铵助焊剂等。使用助焊剂，可以帮助清除金属表面的氧化物，利于焊接，又可保护烙铁头。焊接较大元件或导线时，也可采用焊锡膏，但它有一定腐蚀性，焊接后应及时清除残留物。

（2）阻焊剂。

阻焊剂作用是限制焊料只在需要的焊点上进行焊接，把不需要焊接的印制电路板的板面部分覆盖起来，保护面板使其在焊接时受到热冲击小，不易起泡，同时还能防止桥接、拉尖、短路、虚焊等情况。

使用焊剂时，必须根据被焊件的面积大小和表面状态适量施用，用量过小则影响焊接质量，用量过多，焊剂残渣将会腐蚀元件或使电路板绝缘性能变差。

6.2.3 其他辅助工具

焊接时常用其他辅助工具有尖嘴钳、偏口钳、镊子和小刀等，如图 6-10 所示。

另外一种重要的辅助工具是吸锡器，吸锡器是一个小型手动空气泵，压下吸锡器的压杆，就排出了吸锡器腔内的空气；释放吸锡器压杆的锁钮，弹簧推动压杆迅速回到原位，在吸锡器腔内形成空气的负压力，就能够把熔融的焊料吸走，如图 6-11 所示。

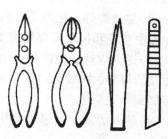

图 6-10 常用焊接辅助工具

图 6-11　吸锡器外观图

6.3　手工焊接技术

6.3.1　焊接前的准备

1. 元器件引线加工成型

元器件在印刷板上的排列和安装方式有两种，一种是立式，另一种是卧式。元器件引线弯成的形状是根据焊盘孔的距离及装配上的不同而加工成型。引线的跨距应根据尺寸优选 2.5 的倍数。加工时，注意不要将引线齐根弯折，并用工具保护引线的根部，以免损坏元器件。

成型后的元器件，在焊接时，尽量保持其排列整齐，同类元件要保持高度一致。各元器件的符号标志向上（卧式）或向外（立式），以便于检查。

2. 镀锡

液态焊锡对被焊金属表面浸润，形成一层既不同于被焊金属又不同于焊锡的接合层称为镀锡。这一接合层将焊锡同待焊金属这两种性能、成分都不相同的材料牢固连接起来。而实际的焊接工作只不过是用焊锡浸润待焊零件的接合处，熔化焊锡并重新凝结的过程。不良的镀层，未形成接合层，只是焊件表面"粘"了一层焊锡，这种镀层很容易脱落。元器件引线一般都镀有一层薄的钎料，但时间一长，引线表面产生一层氧化膜，影响焊接。所以，除少数有良好银、金镀层的引线外，大部分元器件在焊接前都要重新镀锡。

镀锡要点：待镀面应清洁。实际上焊元器件、焊片、导线等都可能在加工、存储的过程中带有不同的污物，轻则用酒精或丙酮擦洗，严重的腐蚀性污点只有用机械办法去除，包括刀刮或砂纸打磨，直到露出光亮金属为止。

6.3.2　焊接方法

1. 焊接操作的基本步骤

（1）准备施焊。首先把被焊件、锡丝和烙铁准备好，处于随时可焊的状态。即右手拿烙铁（烙铁头应保持干净，并吃上锡），左手拿锡丝处于随时可施焊状态，如图 6-12（a）所示。

（2）加热焊件。把烙铁头放在接线端子和引线上进行加热。应注意加热整个焊件全体，例如图中导线和接线都要均匀受热，如图 6-12（b）所示。

（3）送入焊丝。被焊件经加热达到一定温度后，立即将手中的锡丝触到被焊件上使之熔化适量的焊料，如图 6-12（c）所示。注意焊锡应加到被焊件上与烙铁头对称的一侧，而不是直接加到烙铁头上。

（4）移开焊丝。当锡丝熔化一定量后（焊料不能太多），迅速移开锡丝，如图 6-12（d）所示。

（5）移开烙铁。当焊料的扩散范围达到要求，即焊锡浸润焊盘或焊件的施焊部位后移开电烙铁,见图6-12(e)所示。撤离烙铁的方向和速度的快慢与焊接质量密切相关,操作时应特别留心仔细体会。

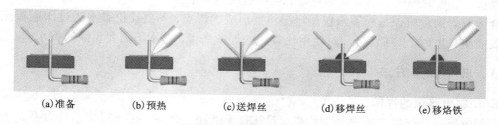

(a)准备　　　　(b)预热　　　　(c)送焊丝　　　　(d)移焊丝　　　　(e)移烙铁

图6-12　焊接的基本步骤

2. 焊接注意事项

在焊接过程中除应严格按照以上步骤操作外,还应特别注意以下几个方面:

(1)保持烙铁头的清洁。

因为焊接时烙铁头长期处于高温状态,又接触焊剂等杂质,其表面很容易氧化并沾上一层黑色杂质,这些杂质几乎形成隔热层,使烙铁头失去加热作用。因此,要随时在烙铁架上蹭去杂质。用一块湿布或湿海绵随时擦烙铁头,也是常用方法。

(2)采用正确的加热方法。

要靠增加接触面积加快传热,而不要用烙铁对焊件加力。有人为了焊得快一些,在加热时用烙铁头对焊件加压,这是徒劳无益而危害不小的。它不但加速了烙铁头的损耗,而且更严重的是对元器件造成损坏或不易觉察的隐患。正确办法应该是根据焊件形状选用不同的烙铁头,或自己修整烙铁头,让烙铁头与焊件形成面接触而不是点或线接触,这就能大大提高效率。

(3)烙铁撤离有讲究。烙铁撤离要及时,而且撤离时的角度和方向对焊点形成有一定影响。

(4)在焊锡凝固之前不要使焊件移动或振动。用镊子夹住焊件时,一定要等焊锡凝固后再移去镊子。这是因为焊锡凝固过程是结晶过程,根据结晶理论,在结晶期受到外力(焊件移动)会改变结晶条件,形成大粒结晶,焊锡迅速凝固,造成所谓"冷焊"。外观现象是表面光泽呈豆渣状。焊点内部结构疏松,容易有气隙和裂缝,造成焊点强度降低,导电性能差。因此,在焊锡凝固前,一定要保持焊件静止。

(5)不要用烙铁头作为运载焊料的工具。有人习惯用烙铁沾上焊锡去焊接,这样很容易造成焊料的氧化、焊剂的挥发,因为烙铁头温度一般都在300℃左右,焊锡丝中的焊剂在高温下容易分解失效。在调试、维修工作中,不得已用烙铁焊接时,动作要迅速敏捷,防止氧化造成劣质焊点。

(6)焊锡量要合适。过量的焊锡不但毫无必要的消耗了较贵的锡,而且增加了焊接时间,相应降低了工作速度。更为严重的是在高密度的电路中,过量的锡很容易造成不易觉察的短路。但是焊锡过少不能形成牢固的结合,同样也是不允许的,特别是在板上焊导线时,焊锡不足往往造成导线脱落。

(7)不要用过量的焊剂。适量的焊剂是非常有用的,但不要认为越多越好,过量的松香不仅造成焊后焊点周围需要擦的工作量，而且延长了加热时间（松香溶化、挥发需要并带走热量），降低工作效率，而当加热时间不足时，容易夹杂到焊锡中形成"夹渣"缺陷，对开关元件的焊接，过量的焊剂容易流到触点处，从而造成接触不良。

合适的焊剂量应该是松香水仅能浸湿将要形成的焊点，不要让松香水透过印刷板流到元件面或插座孔里（如 IC 插座）。对使用松香芯的焊丝来说，基本不需要再涂松香水。

6.3.3　典型焊接方法

1. 印制电路板的焊接

印制电路板在焊接之前要仔细检查，看其有无断路、短路、孔金属化不良以及是否涂有助焊剂或阻焊剂等。大批量生产印制板，出厂前，必须按检查标准与项目进行严格检测，只有这样，其质量才能保证。但是，一般研制品或非正规投产的少量印制板，焊前必须仔细检查，否则在整机调试中，会带来很大麻烦。

焊接前，将印制板上所有的元器件作好焊前准备工作（整形、镀锡）。焊接时，一般工序是先焊较低的元件，后焊较高的和要求比较高的元件等。次序是：电阻→电容→二极管→三极管→其他元件等。但根据印制板上的元器件特点，有时也可先焊高的元件后焊低的元件（如晶体管收音机），使所有元器件的高度不超过最高元件的高度，保证焊好元件的印制电路板元器件比较整齐，并占有最小的空间位置。不论哪种焊接工序，印制板上的元器件都要排列整齐，同类元器件要保持高度一致。晶体管装焊一般在其他元件焊好后进行，要特别注意的是每个管子的焊接时间不要超过 5 ~ 10 s，并使用钳子或镊子夹持管脚散热，防止烫坏管子。涂过焊油或氯化锌的焊点，要用酒精擦洗干净，以免腐蚀，用松香作助焊剂的，需清理干净。焊接结束后，须检查有无漏焊、虚焊现象。检查时，可用镊子将每个元件脚轻轻提一提，看是否摇动，若发现摇动，应重新焊好。

2. 集成电路的焊接

MOS 电路特别是绝缘栅型，由于输入阻抗很高，稍不慎即可能使内部击穿而失效。双极型集成电路不像 MOS 集成电路那样娇气，但由于内部集成度高，通常管子隔离层都很薄，一旦受到过量的热也容易损坏。无论哪种电路，都不能承受高于200℃的温度，因此，焊接时必须非常小心。

集成电路的安装焊接有两种方式，一种是将集成块直接与印制板焊接，另一种是通过专用插座（IC 插座）在印制板上焊接，然后将集成块直接插入 IC 插座上。在焊接集成电路时，应注意下列事项：

（1）使用烙铁最好是 20 W 内热式，接地线应保证接触良好。若用外热式，最好采用烙铁断电用余热焊接，必要时还要采取人体接地的措施。

（2）对 CMOS 电路，如果事先已将各引线短路，焊前不要拿掉短路线。

（3）焊接时间在保证浸润的前提下，尽可能短，每个焊点最好用 3 s 时间焊好，最多不超过 4 s，连续焊接时间不要超过 10 s。

（4）集成电路引线如果是镀金银处理的，不要用刀刮，只需用酒精擦洗或绘图橡皮擦干净就可以了。

（5）使用低熔点焊剂，一般不要高于150℃。

（6）工作台上如果铺有橡皮、塑料等易于积累静电的材料，电路片子及印制板等不宜放在台面上。

（7）焊接集成电路插座时，必须按集成块的引线排列图焊好每一个点。

（8）集成电路若不使用插座，直接焊到印制板上，安全焊接顺序为：地端→输出端→电源端→输入端。

6.3.4 焊接工艺和质量检查

1. 焊接的要求

电子产品的组装其主要任务是在印制电路板上对电子元器件进行锡焊。焊点的个数从几十个到成千上万个，如果有一个焊点达不到要求，就要影响整机的质量，因此，在锡焊时，必须做到以下几点。

（1）焊点的机械强度要足够。为保证被焊件在受到振动或冲击时不至脱落、松动，因此，要求焊点要有足够的机械强度。为使焊点有足够的机械强度，一般可采用把被焊元器件的引线端子打弯后再焊接的方法，但不能用过多的焊料堆积，这样容易造成虚焊、焊点与焊点的短路。

（2）焊接可靠保证导电性能。为使焊点有良好的导电性能，必须防止虚焊。虚焊是指焊料与被焊物表面没有形成合金结构，只是简单地依附在被焊金属的表面上。在锡焊时，如果只有一部分形成合金，而其余部分没有形成合金，这种焊点在短期内也能通过电流，用仪表测量也很难发现问题，但随着时间的推移，没有形成合金的表面就要被氧化，此时便会出现时通时断的现象，这势必造成产品的质量问题。

（3）焊点表面要光滑、清洁。为使焊点美观、光滑、整齐，不但要有熟练的焊接技能，而且要选择合适的焊料和焊剂，否则将出现焊点表面粗糙、拉尖、棱角等现象。

2. 焊点的质量检查

（1）外观检查。

外观检查，目测（或借助放大镜、显微镜）观测焊点是否合乎如图6-13所示的标准，还包括检查是否存在漏焊、短路，焊料是否拉尖或存在飞溅，导线及元器件绝缘是否损伤等。检查时除目测外，还要用指触、镊子拨动、拉线等方法检查有无导线断线、焊盘剥离等缺陷。

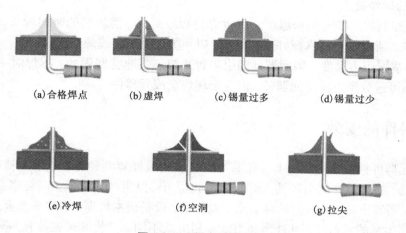

(a)合格焊点　　(b)虚焊　　(c)锡量过多　　(d)锡量过少

(e)冷焊　　(f)空洞　　(g)拉尖

图6-13 焊点质量分析

（2）通电检查。

通电检查必须是在外观检查及连接检查无误后才可进行的工作，也是检验电路性能的关键步骤。如果不经过严格的外观检查，通电检查不仅困难较多，而且有损坏设备仪器、造成安全事故的危险。例如，电源连线虚焊，那么通电时，就会发现设备不得电，当然无法检查。

6.3.5 拆焊

在电子产品的焊接和维修过程中，经常需要拆换已焊好的元器件，这即为拆焊，也叫解焊。在实际操作中拆焊比焊接要困难得多，若拆焊不得法，很容易损坏元件或电路板上的焊盘及焊点。

1. 拆焊的适用范围

误装误接的元器件和导线；在维修或检修过程中需更换的元器件；在调试结束后需拆除临时安装的元器件或导线等。

2. 拆焊的原则与要求

不能损坏需拆除的元器件及导线；拆焊时不可损坏焊点和印制板；在拆焊过程中不要乱拆和移动其他元器件，若确实需要移动其他元件，在拆焊结束后应做好复原工作。

3. 拆焊所用的工具

（1）一般工具。拆焊可用一般电烙铁来进行，烙铁头不需要蘸锡，用烙铁使焊点的焊锡熔化时迅速用镊子拔下元件引脚，再对原焊点进行清理，使焊盘孔露出，以便安装元件用。用一般电烙铁拆焊时可配合其他辅助工具来进行，如：吸锡器、排焊管、划针等。

（2）专用工具。拆焊的专用工具是带有一个吸锡器的吸锡电烙铁。拆焊时先用它加热焊点，当焊点熔化时按下吸锡开关，焊锡就会被吸入烙铁内的吸管内。此过程往往要进行几次，才能将焊点的焊锡吸干净。专用工具适用于集成电路、中频变压器等多引脚元件的拆焊。

（3）在业余条件下，也可使用多股细铜线（如用做电源线的软导线），将其沾上松香水，然后用烙铁将其压在焊点上使其吸附焊锡，将吸足焊锡的导线夹掉，再重复以上工作也可将多引脚元件拆下。

4. 拆焊的操作要求

（1）严格控制加热的时间和温度。因拆焊过程较麻烦，需加热的时间较长，元件的温度比焊接时要高，所以要严格掌握好这一尺度，以免烫坏元器件或焊盘。

（2）仔细掌握用力尺度。因元器件的引脚封装都不是非常坚固的，拆焊时一定要注意用力的大小，不可过分用力拉扯元器件，以免损坏焊盘或元器件。

6.4 元器件的安装

将电子元器件插装到印制板上，有手工插装和机械插装两种方法，手工插装简单易行，对设备要求低，将元器件的引脚插入对应的插孔即可，但生产效率低，误装率高。机械自动插装速度快，误装率低，一般都是自动流水线作业，设备成本较高，引线成型要求严格。

对于不同类型的元器件，其外形和引线排列形式不同，安装形式也各有差异。下面介绍几种常见的安装形式。

1. 贴板式安装

贴板式安装是将元器件紧贴印刷板面安装，元器件离印刷板的间隙在 1 mm 左右，其安装形式如图 6 – 14 所示。贴板安装引线短，稳定性好，插装简单，但不利于散热，不适合高发热元器件的安装。

2. 悬空式安装

悬空式安装适用于发热元器件、怕热元器件的安装，其安装形式如图 6 – 15 所示。它是将元器件壳体与印刷板面间隔一定距离进行安装，通常安装间隙在 3 ~ 8 mm 左右。为保持元器件的高度一致，可以在引线上套上套管。

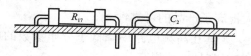

图 6 – 14　贴板式安装形式

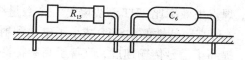

图 6 – 15　悬空式安装形式

3. 嵌入式安装

嵌入式安装是将元器件部分壳体埋入印刷电路板的嵌入孔内，一些需要防震保护的元器件可以采用这种方式，用来增强元器件的抗震性，降低安装高度。

4. 垂直式安装

在印刷板的高密度安装区域中多采用垂直安装形式，其安装形式如图 6 – 16 所示，将轴向双向引线的元器件壳体竖直安装，质量大且引线细的元器件不宜用此形式。

在垂直安装时，短引线的引脚焊接时，大量的热量被传递，为了避免高温损坏元器件，可以采用衬垫等阻隔热量的传递。

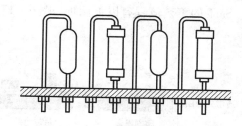

图 6 – 16　垂直安装形式

5. 安装固定支架

用固定支架将元器件固定在印刷电路板上，小型继电器、变压器、扼流圈等重量较大的元器件采用此种方式安装，可以增强元器件在电路板上的牢固性。

6. 弯折安装形式

在安装高度有限制时，可将元器件引线垂直电路板插孔后，壳体朝水平方向弯曲来降低安装高度。某些质量较大的元器件，为了防止元器件歪斜、引线受力过大而折断，弯折后应绑扎或胶粘固定，以增强元器件的稳固性。

7. 集成电路的安装

集成电路的引线数目较多，印制板焊盘尺寸成型后，直接对照电路板的插孔插入即可，在插装时，集成电路的引脚排列方向应与印制电路板一致，均匀用力将集成块安插到位，引脚逐个焊接，且不能出现歪斜、扭曲、漏插等现象。在实训中，一般采用插座形式安装，不直接将集成电路安装在印制板上。

8. 表面安装元器件的贴装

表面安装元器件一般采用 SMT 方法。SMT 称为表面安装技术（或表面贴装技术），它实际上是包括表面安装元件(SMC)、表面安装器件(SMD)、表面安装印刷电路板(SMB)、普通混装印制电路板(PCB)点粘合剂、涂焊锡膏、元器件安装设备、焊接以及测试等技术在内的一整套完整的工艺技术的统称。SMT 涉及材料、化工、机械、电子等多学科领域,是一种综合性高新技术。

SMT 是目前电子组装行业里最流行的一种技术和工艺,它具有以下几个特点:

(1)组装密度高、产品体积小、重量轻。SMC、SMD 的体积和重量只有传统插装元件的 1/3 ~ 1/10 左右,可以装在 PCB 的两面,有效的利用了印制板的面积,减轻了电路板的重量,一般采用 SMT 之后,电子产品体积缩小 40% ~ 60%,质量减少 60% ~ 80%。

(2)可靠性高、抗震能力强。SMC、SMD 无引线或引线很短,质量小,因而抗震能力很强,焊点失效率比 THT 至少降低一个数量级,大大提高了产品的可靠性。

(3)高频特性好。SMT 减小了电磁和射频干扰,尤其在高频电路中降低了分布参数的影响,提高了信号传输速度,改善了高频特性,促使整个产品性能提高。

(4)易于实现自动化,提高了生产效率。节省了材料、能源、设备、人力、时间等,降低成本达 30% 以上。

表面焊接技术是表面安装工艺的核心,是决定可靠性的关键工艺。发展方向是免清洗焊接技术和智能焊接工艺,另外在焊接材料上也在开展新的研究,发展了以适应窄间距安装(FPT)的新型焊料、导电粘接剂等。

SMT 的工艺流程有以下四种,图 6 – 17、6 – 18 分别为双面组装工艺和双面混装工艺:

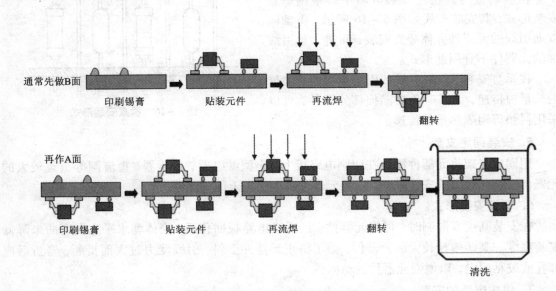

图 6 – 17　双面组装工艺流程

(1)单面组装工艺:来料检测→丝印焊膏(点贴片胶)→贴片→烘干(固化)→回流焊接→清洗;

(2)单面混装工艺:来料检测→PCB 的 A 面丝印焊膏(点贴片胶)→贴片→烘干(固化)→回流焊接→清洗→插件→波峰焊→清洗;

(3)双面组装工艺:

102

a. 来料检测→PCB 的 A 面丝印焊膏(点贴片胶)→贴片→烘干(固化)→A 面回流焊接→清洗→翻板→PCB 的 B 面丝印焊膏(点贴片胶)→贴片→烘干→回流焊接→清洗。此工艺适用于在 PCB 两面均贴装有 PLCC 等较大的 SMD 时采用。

b. 来料检测→PCB 的 A 面丝印焊膏(点贴片胶)→贴片→烘干(固化)→A 面回流焊接→清洗→翻板→PCB 的 B 面点贴片胶→贴片→固化→B 面波峰焊→清洗。此工艺适用于在 PCB 的 A 面回流焊，B 面波峰焊。在 PCB 的 B 面组装的 SMD 中，只有 SOT 或 SOIC(28)引脚以下时，宜采用此工艺。

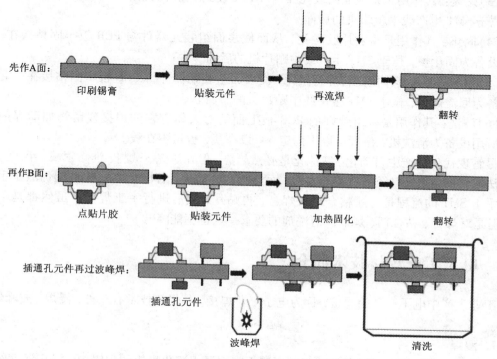

先作A面：　　印刷锡膏　　　　贴装元件　　　　再流焊　　　　翻转

再作B面：　　点贴片胶　　　　贴装元件　　　　加热固化　　　　翻转

插通孔元件再过波峰焊：　　插通孔元件　　　　波峰焊　　　　清洗

图 6-18 双面混装工艺流程

(4)双面混装工艺：

a. 来料检测→PCB 的 B 面点贴片胶→贴片→固化→翻板→PCB 的 A 面插件→波峰焊→清洗。先贴后插，适用于 SMD 元件多于分离元件的情况。

b. 来料检测→PCB 的 A 面插件(引脚打弯)→翻板→PCB 的 B 面点贴片胶→贴片→固化→翻板→波峰焊→清洗。先插后贴，适用于分离元件多于 SMD 元件的情况。

c. 来料检测→PCB 的 B 面点贴片胶→贴片→固化→翻板→PCB 的 A 面丝印焊膏→贴片→A 面回流焊接→插件→B 面波峰焊→清洗。A 面混装，B 面贴装。先贴两面 SMD，回流焊接，后插装，波峰焊。

d. 来料检测→PCB 的 A 面丝印焊膏→贴片→烘干→回流焊接→插件，引脚打弯→翻板→PCB 的 B 面点贴片胶→贴片→固化→翻板→波峰焊→清洗。A 面混装，B 面贴装。

e. 来料检测→PCB 的 B 面丝印焊膏(点贴片胶)→贴片→烘干(固化)→回流焊接→翻板→PCB 的 A 面丝印焊膏→贴片→烘干→回流焊接(可采用局部焊接)→插件→波峰焊(如插装

元件少，可使用手工焊接)→清洗。

SMT 基本工艺构成要素：

丝印(或点胶)→贴装→(固化)→回流焊接→清洗

(1)丝印：其作用是将焊膏或贴片胶漏印到 PCB 的焊盘上，为元器件的焊接做准备。所用设备为丝印机(丝网印刷机)，位于 SMT 生产线的最前端。

(2)点胶：它是将胶水滴到 PCB 的固定位置上，其主要作用是将元器件固定到 PCB 板上。所用设备为点胶机，位于 SMT 生产线的最前端或检测设备的后面。

(3)贴装：其作用是将表面组装元器件准确安装到 PCB 的固定位置上。所用设备为贴片机，位于 SMT 生产线中丝印机的后面。

(4)固化：其作用是将贴片胶融化，从而使表面组装元器件与 PCB 板牢固粘接在一起。所用设备为固化炉，位于 SMT 生产线中贴片机的后面。

(5)回流焊接：其作用是将焊膏融化，使表面组装元器件与 PCB 板牢固粘接在一起。所用设备为回流焊炉，位于 SMT 生产线中贴片机的后面。

(6)清洗：其作用是将组装好的 PCB 板上面的对人体有害的焊接残留物如助焊剂等除去。所用设备为清洗机，位置可以不固定，可以在线，也可不在线。

尽管现代化生产中自动化、智能化是必然趋势，但在研究、试制、维修领域，手工方式还是无法取代的，不仅有经济效益的因素，而且所有自动化、智能化方式的基础仍然是手工操作。手工 SMT 的流程是先涂粘合剂或焊膏，再贴片，最后进行手工焊接。虽然都是手工完成，但是对焊膏、粘合剂、焊剂及清洗剂的要求一点也不能降低。

6.5 电子工业焊接技术简介

工业生产中电子产品的焊接，称为电子工业焊接，其焊接技术有三种：浸焊、波峰焊、再流焊。

1. 浸焊

浸焊是将安装好电子元器件的印制电路板表面浸入溶化焊锡的焊锅内，浸入深度约为印制电路板的 50% ~70%。浸焊时间约为 3 ~5 s，浸焊槽的温度通过自动温度调节器保持在高于此焊锡熔点 40 ~50℃的范围内，焊锡与焊点充分熔合，提起印制电路板，冷却。浸焊后印制电路板焊接表面上没有涂上阻焊层的所有金属部分将覆盖一层焊料，它一次完成了印制电路板上众多焊点的焊接，提高了焊接效率和质量。浸焊适用于元件引线较长的焊接。对于那些不能经受浸焊槽的温度的元件，如特殊的隧道二极管和不能清洗的器件(插头座)应在冷却后再装配。浸焊有手工和机械浸焊两种。

2. 波峰焊

波峰焊是使用波峰焊机进行焊接，由于这种方法效率高、质量好，是大批量生产主要采用的焊接方法。焊机上方装置有水平运动的链条，已插好元器件的印制电路板挂在这个链条上向前移动，波峰焊是用泵加压熔锡使之从长度为 300 mm 左右的长方形喷嘴中喷流到待焊接的印制电路板上，一次性完成了所有焊点的焊接。

波峰焊机链条的驱动部分通常使用无线变速装置，可在 0 ~4 m/min 范围内变速。最佳速度应从经济角度、印制电路板的种类、所装元器件的热容量等因素来考虑确定。印刷电路板用夹具装挂在链条上保持稳步依次向前移动。夹具用不锈钢丝制成，有托纲式和夹子式两种。波峰焊的流程如图 6-19 所示，具体步骤如下：

（1）涂助焊剂。助焊剂涂布器有发泡式、溢流式和浸渍式等。控助焊剂浓度的方法一般是控制其密度。

（2）预热。它是使涂在电路板上的助焊剂得到适当蒸发而获得适宜的黏度，有盒形加热器、板状加热器和红外线灯泡等。印制电路板表面的加热温度应在 100℃ 左右。

（3）焊锡缸。位于传递链条下方的焊锡对焊料液进行温度控制，焊锡液在锡缸内始终处于循环流动状态，使工作区域的焊料表面无氧化层，易于焊接。而且，由于印制电路板与波峰之间处于相对运动状态，焊剂蒸发易于挥发，焊接点不会出现气泡。焊锡的含锡量通常为60% 或者 63%，其余为铅的含量。焊锡的熔化温度一般在 250~255℃ 之间。

（4）冷却。焊接后的电路板必须立即冷却。一般采用风扇、鼓风机和压缩空气管吹印制电路板来进行冷却。

（5）清洗。在焊接过程中不能充分挥发而残留在焊点上的助焊剂，将对电气性能产生不良的影响，尤其是使用活性或酸性较强的残留物的危害更大。助焊剂残留还会粘附灰尘或者污物，吸收潮气。因此，焊接后要对焊点进行清洗，自动焊接中一般采用清洗机或者清洗装置洗净。

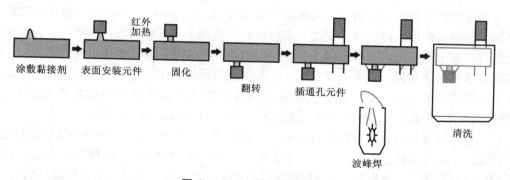

图 6-19　波峰焊的流程图

3. 再流焊

再流焊，也称回流焊。这是 SMT 的主要焊接方法，大部分用于小型和微型的贴面元件的焊接。按加热方式不同有红外线加热、饱和蒸气加热、热风加热、激光加热，其中红外线和气相加热焊接法应用最广泛。

（1）气相再流焊，又叫冷凝焊，是利用液体气化焊提供焊接热量。它所用蒸气为惰性气体，如 FC-70，其沸点为 215℃，当它冷凝在元件引线和焊盘上时，置换出空气和潮气并释放出热量，使焊料熔化从而实现均匀焊接。不足之处是这种氟化物价格昂贵且有污染环境问题。

（2）红外再流焊。红外线有远红外和近红外之分，其中远红外加热时焊件 40% 的热量来自红外辐射，60% 则由热空气对流提供。近红外加热时，直接辐射热占 95% 以上。

红外焊机又叫红外炉，贴装好的 SMB 由传送带输入，加热区一般分为三级，将温度逐渐加热到再流焊所需的温度，红外炉内的温度由温控系统调节。

红外再流焊特点是：①设备光源性价比高；②加热速度可控；③热波动较大，容易损伤基板和 SMD。

第 7 章
印制电路板的制作

印制电路板，又称印刷电路板、印刷线路板，简称印制板，常使用英文缩写 PCB(printed circuit board)或 PWB(printed wire board)，以绝缘板为基材，切成一定尺寸，其上至少附有一个导电图形，并布有孔(如元件孔、紧固孔、金属化孔等)，用来代替以往装置电子元器件的底盘，并实现电子元器件之间的相互连接。由于这种板是采用电子印刷术制作的，故被称为"印刷"电路板。

7.1　概述

印制电路板的创造者是奥地利人保罗·爱斯勒(Paul Eisler)，1936 年，他首先在收音机里采用了印刷电路板。1943 年，美国人多将该技术运用于军用收音机，1948 年，美国正式认可此发明可用于商业用途。自 20 世纪 50 年代中期起，印刷线路板才开始被广泛运用。印刷电路板几乎会出现在每一种电子设备当中。如果在某样设备中有电子零件，那么它们也都是镶在大小各异的 PCB 上。PCB 的主要功能是使各种电子零组件形成预定电路的连接，起中继传输的作用，是电子产品的关键电子互连件，有"电子产品之母"之称。

板子本身的基板是由绝缘隔热且不易弯曲的材质所制作成。基材普遍是以基板的绝缘部分作分类，常见的原料为电木板、玻璃纤维板，以及各式的塑胶板。而 PCB 的制造商普遍会以一种以玻璃纤维、不织物料，以及树脂组成的绝缘部分，再以环氧树脂和铜箔压制成"黏合片"(prepreg)使用。

在表面可以看到的细小线路材料是铜箔，原本铜箔是覆盖在整个板子上的，而在制造过程中部分被蚀刻处理掉，留下来的部分就变成网状的细小线路了。这些线路被称作导线(conductor pattern)或称布线，并用来提供 PCB 上零件的电路连接。为了将零件固定在 PCB 上面，我们将它们的接脚直接焊在布线上。在最基本的 PCB(单面板)上，零件都集中在其中一面，导线则都集中在另一面。这么一来我们就需要在板子上打洞，这样接脚才能穿过板子到另一面，所以零件的接脚是焊在另一面上的。因为如此，PCB 的正反面分别被称为零件面(component side)与焊接面(solder side)。如果 PCB 上头有某些零件，需要在制作完成后也可以拿掉或装回去，那么该零件安装时会用到插座(socket)。由于插座是直接焊在板子上的，零件可以任意的拆装。通常 PCB 的颜色都是绿色或是棕色，这是阻焊漆(solder mask)的颜色，是绝缘的防护层，可以保护铜线，也可以防止零件被焊到不正确的地方。在阻焊层上还会印刷上一层丝网印刷面(silk screen)。通常在这上面会印上文字与符号(大多是白色的)，以标示出各零件在板子上的位置。丝网印刷面也被称作图标面(legend)。

按照线路板层数可分为单面板、双面板、多层线路板及柔性电路板。

单面板在最基本的 PCB 上，零件集中在其中一面，导线则集中在另一面上。因为导线只出现在其中一面，所以这种 PCB 叫作单面板（single-sided）。因为单面板在设计线路上有许多严格的限制（因为只有一面，布线间不能交叉而必须绕独自的路径），所以只有早期的电路才使用这类的板子。

双面板这种电路板的两面都有布线，不过要用上两面的导线，必须要在两面间有适当的电路连接才行。这种电路间的"桥梁"叫做导孔（via）。导孔是在 PCB 上，充满或涂上金属的小洞，它可以与两面的导线相连接。因为双面板的面积比单面板大了一倍，双面板解决了单面板中因为布线交错的难点（可以通过孔导通到另一面），它更适合用在比单面板更复杂的电路上。

多层板为了增加可以布线的面积，多层板用上了更多单或双面的布线板。用一块双面作内层、二块单面作外层或二块双面作内层、二块单面作外层的印刷线路板，通过定位系统及绝缘粘结材料交替在一起且导电图形按设计要求进行互连的印刷线路板就成为四层、六层印刷电路板了，也称为多层印刷线路板。板子的层数并不代表有几层独立的布线层，在特殊情况下会加入空层来控制板厚，通常层数都是偶数，并且包含最外侧的两层。大部分的主机板都是 4 到 8 层的结构，不过技术上理论可以做到近 100 层的 PCB 板。大型的超级计算机大多使用相当多层的主机板，不过因为这类计算机已经可以用许多普通计算机的集群代替，超多层板已经渐渐不被使用了。因为 PCB 中的各层都紧密的结合，一般不太容易看出实际数目，不过如果仔细观察主机板，还是可以看出来。

柔性电路板是以聚酰亚胺或聚酯薄膜为基材制成的一种具有高度可靠性，绝佳的可挠性印刷电路板，简称软板或 FPC，具有配线密度高、重量轻、厚度薄的特点。主要使用在手机、笔记本电脑、PDA、数码相机、LCM 等很多产品上。

近十几年来，我国印制电路板制造行业发展迅速，总产值、总产量双双位居世界第一。由于电子产品日新月异，价格战改变了供应链的结构，中国兼具产业分布、成本和市场优势，已经成为全球最重要的印制电路板生产基地。

印制电路板从单层发展到双面板、多层板和挠性板，并不断地向高精度、高密度和高可靠性方向发展。不断缩小体积、减少成本、提高性能，使得印制电路板在未来电子产品的发展过程中，仍然保持强大的生命力。

未来印制电路板生产制造技术发展趋势是在性能上向高密度、高精度、细孔径、细导线、小间距、高可靠、多层化、高速传输、轻量、薄型方向发展。

《2013—2017 年中国印制电路板制造行业市场前瞻与投资机会分析报告》调查数据显示，2010 年中国规模以上印制电路板生产企业共计 908 家，资产总计 2161.76 亿元；实现销售收入 2257.96 亿元，同比增长 29.16%；获得利润总额 94.03 亿元，同比增长 50.08%。

7.2　制作工艺

由于印制线路工艺技术的飞速发展，PCB 制造方法已不下于十种，分类也很复杂，但从基本 PCB 制造工艺来看，PCB 制造方法可分为两大类，即加成法和减成法。

加成法就是在未敷铜箔的基材上，有选择地沉积导电材料而形成导电图形的印制板PCB。有丝印电镀法、粘贴法等，不过，目前在国内，这种 PCB 制造方法并不多见，所以一般我们所说的 PCB 制造方法都为减成法 PCB 制造方法之减成法。

这是最普遍采用的方法 PCB 制造方法，即在敷铜板上，通过光化学法，网印图形转移或电镀图形抗蚀层，然后蚀刻掉非图形部分的铜箔或采用机械方式去除不需要部分而制成印制电路板 PCB，现大多数 PCB 线路板厂的制造方法都为 PCB 减成法。减成法中主要是雕刻法和蚀刻法。雕刻法是用机械加工方法除去不需要的铜箔，适用于单件试制或业余条件下可快速制出印制电路板 PCB。蚀刻法是采用将有效线路通过电镀或者印刷感光油墨保护起来，再蚀刻掉不需要的铜箔，这是目前最主要的 PCB 制造方法。

不论是加成法还是减成法都需要采用电镀工艺。电镀工艺在加成法中是把铜电镀成图形线路；而在减成法中是将锡或者锡铅电镀到图形线路上，把图形线路保护起来，再把不需要的铜箔蚀刻掉。而干膜工艺是把干膜抗蚀剂作为图形电镀的掩膜来完成镀铜或镀铅锡。20世纪 80 年代湿膜工艺（感光油墨）被引入 PCB 制造，湿膜工艺显示其优越性。因为湿膜有着极优良的抗蚀刻及抗电镀的个性，而且它不但具有抗击酸性蚀刻的能力，在一定的条件下（指 pH 值为 8.3 ~ 8.8）还能耐碱性蚀刻，在应用技术上也无须专业培训，在应用中，因属直接接触曝光，能获得高分辨率的线宽和线间，可轻松地制出 3 mil（1 mil = 25 μm）的线条图形，所以备受电路板、装饰及精密加工行业的青睐。

本书介绍的是减成法中蚀刻工艺的制作方法，其中包括双面板电镀制作工艺和单面板湿膜工艺。整个制作工艺包括 30 多个环节，每道工序都有相应的设备来完成制作。流程图详见图 7 - 1。

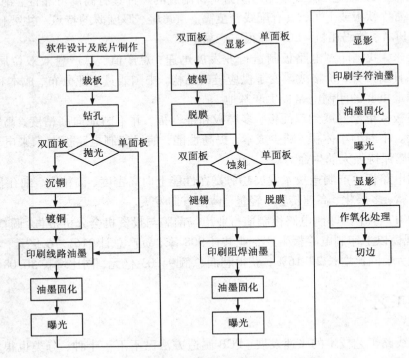

图 7 - 1　PCB 制作工艺流程图

108

7.3 软件设计及底片输出

1. 绘制 PCB 图

用 DXP 将电路图绘制好后转换成 PCB 图。并点击菜单中的 Edit 选项选择 Origin 中的 Set 来设定原点,如图 7 - 2 所示。

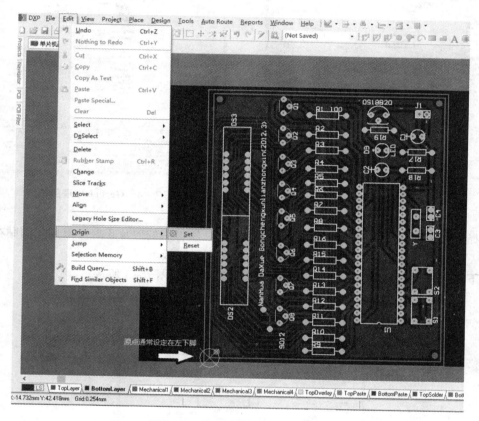

图 7 - 2 绘制 PCB 图并设定原点

2. 生成 Gerber 文件

接下来是生成 Gerber 文件。Gerber 格式是线路板行业软件描述线路板(线路层、阻焊层、字符层等)图像及钻、铣数据的文档格式集合。选择 File 选项中的 Fabrication Outputs 中的 Gerber Files。在弹出的光绘文件设定窗口"一般"选项卡中设定单位,这里将单位设定为毫米,格式选择"4:4",如图 7 - 3 所示。

然后选择"层"选项卡,对要输出的 PCB 中的层进行选择,如图 7 - 4 所示。

DXP 所产生的 Gerber,都是统一规范的。扩展名的第一位 G 一般指 Gerber 的意思。扩展名的第二位代表层的面,B 代表 Bottom 面,T 代表 Top 面,G + 数字代表中间线路层,G + P + 数字代表电源层。扩展名的最后一位代表层的类别,L 是线路层,O 是丝印层,S 是阻焊层,P 代表锡膏,M 代表外框、基准孔、机械孔。如 GBL:底层线路;GTL:顶层线路;GTO:

顶层丝印；GKO：禁止布线层。

单面板制作要选择 GTO, GBL, GBS, GKO。

双面板制作要选择 GTO, GBO, GTL, GBL, GTS, GBS, GKO。

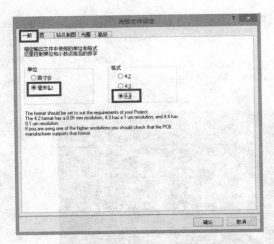 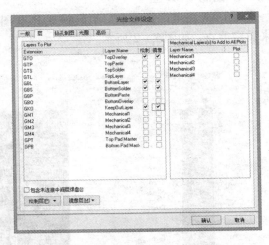

图 7 – 3　Gerber 单位设置　　　　　　图 7 – 4　Gerber 中层的选择

选择好相应的层后要将对应镜像选择框也选上。镜像后的底片正好可以用反面贴在覆铜板上，从而避免在曝光环节时将底片上的碳粉转印到覆铜板。

接下来选择"高级"选项卡。选择"参照相对原点"，如图 7 – 5 所示。

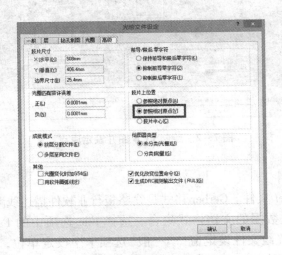

图 7 – 5　参照相对原点

最后点击确定，生成 Gerber 文件，如图 7 – 6 所示。

3. 底片输出

打开 CAM350，导入 Gerber 文件。然后将所需的层文件都选择导入，如图 7 – 7。

然后在 CAM 中建立复合层，每个层都要加上 GKO 禁止布线层。字符层必须以负片形式

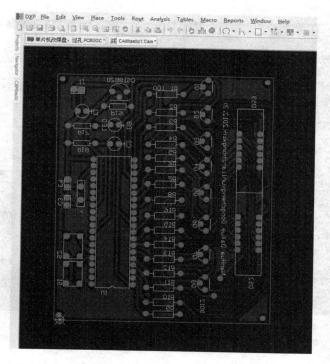

图 7 - 6　生成 Gerber 文件

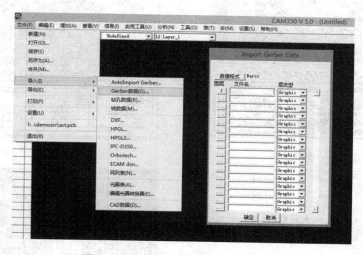

图 7 - 7　在 CAM 中导入 Gerber 文件

输出，阻焊层必须以正片形式输出，线路层如有大面积覆铜可以选择负片输出，这样可以简化制作工艺而效果不变，反之选择正片输出，如图 7 - 8。

接下来就可以输出底片了。准备好菲林底片，这种底片一面光亮一面较粗糙，输出底片时要将图形打印在粗糙面。选择打印，在弹出的窗口进行选择，如图 7 - 9 所示。

从底片可以看到线路正片和线路负片图形正好相反。底片上空白的地方会因被光照射而

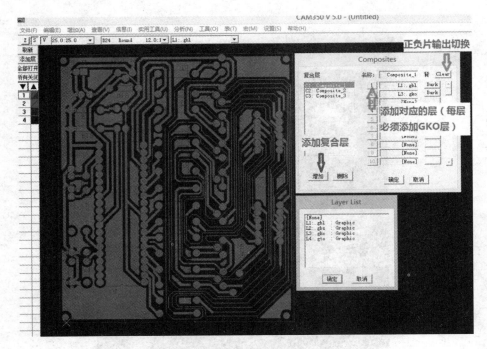

图 7 – 8　选择要输出的层

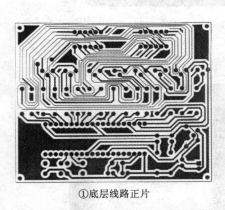

①底层线路正片

②底层线路负片

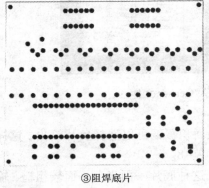

③阻焊底片

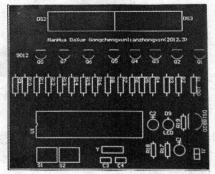

④字符负片

图 7 – 9　底片输出

产生稳定的化学结构,线路油墨不会被显影剂洗掉也不会被腐蚀剂蚀刻掉。底片上黑色的地方因为没有被光照射就会被显影剂洗掉漏出金属铜。线路正片主要用于双面板制作,线路负片只能用于单面板制作。

7.4　裁板

板材准备又称下料,在 PCB 板制作前,应根据设计好的 PCB 图大小来确定所需 PCB 板的尺寸规格,我们可根据具体需要进行裁板。图 7－10 是手动精密裁板机。图 7－11 为裁板机的具体操作示意图。

图 7－10　手动精密裁板机
1—上刀片;2—下刀片;3—压杆;4—底板;5—定位尺

　　1　　　　　　　2　　　　　　　3　　　　　　　4

图 7－11　裁板机的使用

7.5　钻孔

数控钻床能根据 DXP 生成的 PCB 文件自动识别钻孔数据,并快速、精确地完成终点定位、钻孔等任务。用户只需将设计好的 PCB 文件导入数控钻后台软件即可自动完成批量钻孔。

1.　生成钻孔文件

在 DXP 中选择 Fabrication Outputs 中的 Nc Drill Files 选项,并对弹出窗口进行设置,如图 7－12 所示。

生成钻孔文件后打开 Create－DCM 软件,导入 DXP 生成的钻孔文件。选择钻孔,在对话框中进行选择,如图 7－12 所示。图中 1 的位置是文件中存在的孔径,选择好一个孔径后再在 2 中选择相应的刀具并移动到"已选好刀具"框中。将所有孔径都匹配好刀具后选择图中 3 "G 代码"这样钻孔文件就生成好了。

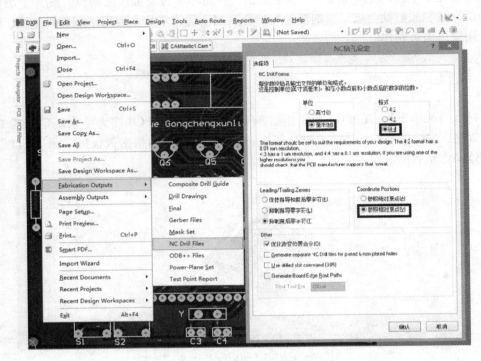

图 7 - 12　在 DXP 中生成钻孔文件

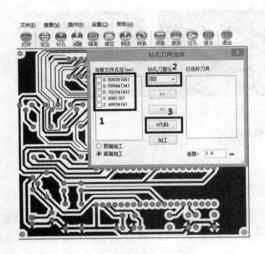

图 7 - 13　生成钻孔文件

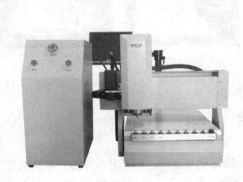

图 7 - 14　数控钻床

2. 钻孔

将生成的 G 代码导入到数控钻床(可用 U 盘拷入),如图 7 - 14 所示。

把裁好的覆铜板固定到钻床上,操作控制手柄设置好零点,并运行 G 代码文件,接下来机器就对覆铜板进行钻孔自动加工。

控制手柄的按键及接口功能如下(如图 7 - 15):

114

X +/1/▲：X 轴右移/输入数值 1/光标上移；

X –/4/▼：X 轴左移/输入数值 4/光标下移；

Y +/2：Y 轴后移/输入数值 2/增加雕刻速度；

Y –/5：Y 轴前移/输入数值 5/减慢雕刻速度；

Z +/3：Z 轴上移/输入数值 3/增加主轴运行速度；

Z –/6：Z 轴下移/输入数值 6/减慢主轴运行速度；

X/Y→0/7：将 X/Y 轴当前坐标清零/输入数值 7；

轴起/停/8：启动/停止主轴电机运转/输入数值 8；

Z→0/9：将 Z 轴当前坐标清零/输入数值 9；

回原点/0：回机器原点，输入数值 0；

高速/低速：切换手动模式下 XYZ 三轴移动的速度；

菜单：设置机器内的各参数；

回零点/0：回机器零点；

速度设置：设置加工速度、空行速度、手动高速和手动低速的速度值；

手动步进：XYZ 三轴手动调整的步进量；

确定：确定当前设置项及当前操作项；

运行/暂停/删除：运行雕刻文件/暂停雕刻进度/删除输入数值；

停止/取消：停止当前雕刻进度，取消当前设置项。

图 7–15　控制手柄

提示：设定零点时必须和 DXP 中设定的原点位置一致，即覆铜板的左下角。移动钻头到零点后按"X/Y→0/7"对 XY 坐标归零。设定 Z 轴零点时需将钻头旋转开启即"轴起/停/8"键，Z 轴零点设定在钻头离覆铜板 1 mm 左右的位置。

7.6　抛光

板材抛光是制作高精密线路板必需的一个工艺步骤，它是利用物理的方法刷去铜面的氧化物和杂物，以及钻孔后孔周围产生的钉头、毛刺，并使光滑铜面粗糙，增加铜面摩擦和吸附能力。如果没有抛光工艺，就可能影响线路的制作，在印刷油墨或覆干膜时会出现气泡或毛刺现象，从而给后续的工艺制作带来相当大的困难。因此，抛光设备是制板工艺中必备的覆铜板预处理设备，是保证精密线路板制作成功的关键。

全自动线路板抛光机采用单刷抛光工艺，带市水洗与一级吸水辊，传送速度可调，操作简单，维护方便，内部结构紧凑，可应用于厚度为 0.3 ~ 6 mm 的板材表面与内孔抛光，如图 7–16。

抛光工艺的原理如图 7–17 所示。

如果材料表面出现有胶质材料、油墨、机油、严重氧化等，请先人工对材料进行预处理，以免损坏机器。连接好抛光机电源线，并打开进水阀门。按下面板上"刷辊"、"市水"及"传动"按钮，抛光机开始运行。调节抛光机

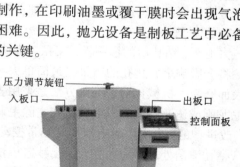

图 7–16　全自动线路板抛光机

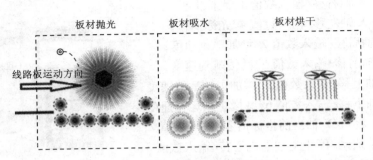

板材抛光　　　板材吸水　　　板材烘干

线路板运动方向

图 7 - 17　抛光机工作原理

上侧压力调节旋钮,增大压力。进料时将工件(如 PCB 板)平放在送料台上,轻轻用手推送到位,随后转动组件自动完成传送。多个工件加工时,相互之间保留一定的间隙。抛光机后部有出料台,工件会自动传送到出料台。出料后请及时取回工件。

7.7　沉铜、镀铜

在印制电路板制造技术中,关键的就是深化沉铜工艺。它主要的作用就是使双面和多层印制电路板的非金属孔,通过氧化还原反应在孔壁上沉积一层均匀的导电层,再经过电镀加厚镀铜,达到回路的目的。要达到此目的就必须选择性能稳定、可靠的化学沉铜液和制定正确的、可行的和有效的工艺程序。化学镀铜(eletcroless plating copper)通常也叫沉铜或孔化,(PTH)是一种自身催化性氧化还原反应。首先用活化剂处理,使绝缘基材表面吸附上一层活性的粒子,通常用的是金属钯粒子(钯是一种十分昂贵的金属,价格高且一直在上升,为降低成本现在国外有实用胶体铜工艺在运行),铜离子首先在这些活性的金属钯粒子上被还原,而这些被还原的金属铜晶核本身又成为铜离子的催化层,使铜的还原反应继续在这些新的铜晶核表面上进行。化学镀铜在我们 PCB 制造业中得到了广泛的应用,目前最多的是用化学镀铜进行 PCB 的孔金属化。

工艺程序:①预处理;②活化处理;③电镀。

1. 预处理

去毛刺:钻孔后的覆铜板,其孔口部位不可避免地会产生一些小的毛刺,这些毛刺如不去除将会影响金属化孔的质量。最简单去毛刺的方法是用 200 ~ 400 号水砂纸将钻孔后的铜箔表面磨光。机械化的去毛刺方法是采用去毛刺机。去毛刺机的磨辊是采用含有碳化硅磨料的尼龙刷或毡。一般的去毛刺机在去除毛刺时,在顺着板面移动方向有部分毛刺倒向孔口内壁,改进型的磨板机,具有双向转动带摆动尼龙刷辊,消除除了这种弊病。

整孔清洁处理:钻头由于手接触造成油污、取基板时的手印等造成孔内产生油类物质,从而会影响化学镀铜层和印制导线铜箔间的结合强度。将覆铜板放入去油污溶剂中浸泡3 ~ 5 分钟。清除铜箔和孔内的油污、油脂及毛刺铜粉,调整孔内电荷,有利于碳颗粒的吸附,如图 7 - 18 所示。

2. 活化处理

活化的目的是为了在基材表面上吸附一层催化性的粒子,从而使整个基材表面顺利地进

116

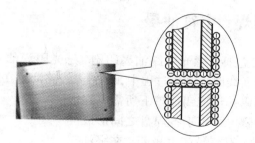

图 7 - 18　除孔内油污

行化学镀铜反应。常用的活化处理方法有敏化—活化法(分步活化法)和胶体溶液活化法(一步活化法)。

将覆铜板浸入活化液中 2 ~ 5 分钟，使其孔壁吸附一层直径为 10 nm 的碳颗粒，如图 7 - 19 所示。

活化过的覆铜板需再进行一次微蚀处理。主要去除掉表面铜箔上吸附的碳颗粒，保留孔壁上的碳颗粒。微蚀液体只与铜反应，所以将表面的铜箔轻微地腐蚀掉一层，吸附在铜箔上的碳颗粒就会松落去除。注意：微蚀后，需水洗，如图 7 - 20 所示。

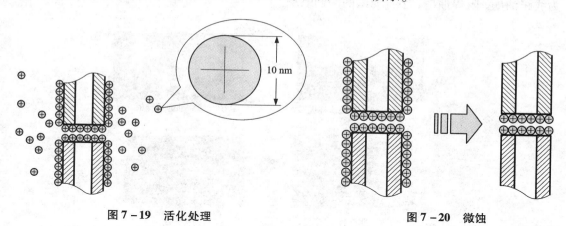

图 7 - 19　活化处理　　　　　　　　　　**图 7 - 20　微蚀**

3. 电镀

经过预处理和活化处理后，孔壁已吸附了一层碳颗粒，碳颗粒是导电的，通过电镀在碳层上电镀上铜层，从而达到多层板双面过孔导通，如图 7 - 21 所示。

电镀时间一般在 20 ~ 30 分钟。电镀电流为 1.5 A ~ 2 A/dm²。以粗铜做阳极，精铜做阴极，硫酸铜(加入一定量的硫酸)做电解液。

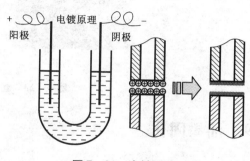

图 7 - 21　电镀原理

117

7.8 印刷线路、阻焊、字符油墨

丝网印刷(油墨印刷)包括：感光线路油墨印刷、感光阻焊油墨印刷、感光字符油墨印刷。感光线路油墨：在双面线路板制作过程中，用感光线路油墨在覆铜板上曝光显影后形成正性线路图形，以用于镀锡并形成锡保护下所需电路图形；阻焊油墨：阻焊油墨主要用于各焊盘之间形成阻焊层，使线路板焊接时，不容易产生短路；文字油墨：主要用于标记线路板各器件位置及对应型号，方便位置识别与焊接。

丝网印刷是在丝印机上完成的，如图 7 - 22 所示。

先将丝网框通过固定旋钮固定在丝网机上，然后用定位夹具把 PCB 板固定在 PVC 工作台面上，放下丝网框，用刮板将油墨均匀涂抹在丝网框上，一手拿刮板，一手压紧丝网框，刮板以 45 度倾角顺势刮过来；揭起丝网框，即完成了一次印刷。图 7 - 23 分别为线路油墨、阻焊油墨、字符油墨的印刷效果。

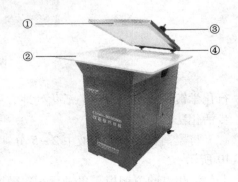

图 7 - 22　丝网印刷机
1—丝网框；2—PVC 工作台面；
3—重锤；4—固定旋钮

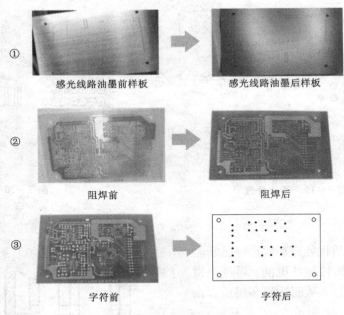

① 感光线路油墨前样板　　感光线路油墨后样板

② 阻焊前　　阻焊后

③ 字符前　　字符后

图 7 - 23　丝印前后效果对比

7.9 油墨固化

为使印刷后的油墨具有较强的粘附性，感光线路油墨、感光阻焊油墨、感光字符油墨均需通过专用的线路板烘干机进行热固化，如图 7 - 24 所示。具体固化温度及时间如下：

感光线路油墨：75℃，10～15 分钟

感光阻焊油墨：曝光显影前：75℃，10～15 分钟

曝光显影后：150℃，5 分钟

感光文字油墨：曝光显影前：75℃，10～15 分钟

曝光显影后：150℃，30 分钟

图 7 – 24　油墨固化机

7.10　曝光

本环节工艺就是把已固化好线路、阻焊、字符油墨的 PCB 板将底片上的图像精确地印制到感光板上，曝光的油墨被固化形成稳定的结构无法被显影液冲刷掉，没有被曝光的油墨被显影液冲刷下来。

近几年来，无论是丝印行业还是胶印行业，UV 光固化油墨的使用越来越多。UV 是英文 Ultraviolet Rays 的缩写，即紫外光线，紫外线的波长范围在 100～400nm，是介于 X 射线与可见光间的电磁波。与传统的溶剂型油墨相比，UV 光固化油墨有光泽度好、立体感强、无有害溶剂挥发等优点，特别是在油墨的干燥方面，UV 光固化油墨在紫外光照射下即可瞬间固化，避免了传统的溶剂型油墨干燥周期长、占地面积大等缺点，大大提高了工作效率和质量。

曝光机即电子束曝光机，是集电子光学、电气、机械、真空、计算机技术等于一体的复杂的半导体加工设备。在计算机的控制下，利用聚焦电子束对有机聚合物（通常称为电子抗蚀剂或光刻胶）进行曝光，受电子束辐照后的光刻胶，其物理化学性质发生变化，在一定的溶剂中形成良溶或非良溶区域，从而在抗蚀剂上形成精细图形。曝光机主要应用范围：半导体生产线、微电子生产、LCD 显示、线路板生产、PCB 产品，如图 7 – 25 所示。

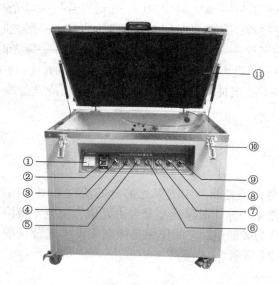

图 7 – 25　曝光机

①—电流表；②—定时器；③—电源开关；④—使能指示；⑤—启动；⑥—停止；
⑦—曝光；⑧—抽真空；⑨—放气；⑩—拉扣；⑪—橡胶翻盖

曝光操作如下：先通过定位孔将底片（菲林底片或光绘底片）与曝光板一面（底片的放置按照有形面朝下，背图形面朝上的方法放置）用透明胶固定；如图7-26所示。

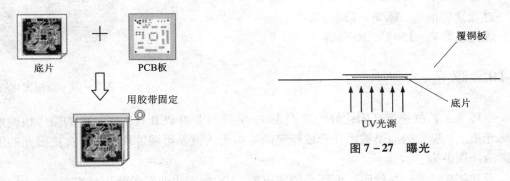

底片　　　　　PCB板

用胶带固定

图7-26　贴底片

覆铜板

底片

UV光源

图7-27　曝光

然后平放在曝光机玻璃平面上（底片朝下）如图7-27所示。盖好曝光机橡胶翻盖⑪并用拉扣⑩锁紧，将抽气旋钮⑧拨至开，启动真空机抽气；待橡胶皮完全贴紧板件，且使能指示灯④点亮，即可按下"开灯"⑤键，点亮曝光灯管；观察电流表①，当电流指示稳定后（约指示10 A左右），即可按下"曝光"⑦按钮，设备自动打开挡板，定时器②开始曝光计时；当定时时间到，挡板自动回位，表示曝光完成，关掉抽真空开关，打开放气开关⑨，取出板件即完成一次曝光。此时若不按"停止"按钮，则可继续下一批次曝光，若按下"停止"按钮，则需等待100 s的保护时间过后才可继续曝光。

具体曝光时间参数如下：

感光线路油墨：激光底片——曝光时间30 s；光绘底片——曝光时间60 s。

感光阻焊油墨：激光底片——曝光时间60 s；光绘底片——曝光时间120~180 s。

感光文字油墨：激光底片——曝光时间70 s；光绘底片——曝光时间120 s。

注意：为保护曝光灯管，最大限度地延长其有效使用寿命，应避免灯管长时间处于点亮状态。由于曝光灯管的辐热，当玻璃温度高于40℃时，建议待设备冷却一段时间后，再进行曝光操作，以保护底片。

7.11　显影

显影（即图形转移）是将感光油墨中未曝光部分的活性基团与稀碱溶液反应生成亲水性的基团（可溶性物质）而溶解下来，而曝光部分经由光聚合反应不被溶胀，成为抗蚀层保护线路。PCB显影液主要成分为碳酸钠，它的作用是蚀刻未发生聚合反应的油墨，去掉这部分油墨后无须定影，如图7-28所示。

图7-28　显影示意图

　　显影操作一般在显影机中进行，控制好显影液的温度（40～45℃），传送速度，喷淋压力等显影参数，能够得到好的显影效果。正确的显影时间通过显出点（没有曝光的干膜从印制板上被显掉之点）来确定，显出点必须保持在显影段总长度的一个恒定百分比上。如果显出点离显影段出口太近，未聚合的抗蚀膜得不到充分的清洁显影，抗蚀剂的残余可能留在板面上。如果显出点离显影段的入口太近，已聚合

图 7 - 29　全自动喷淋显影机

的油墨由于与显影液过长时间的接触，可能被浸蚀而变得发毛，失去光泽。通常显出点控制在显影段总长度的 40%～60% 之内。使用显影机由于溶液不断地喷淋搅动，会出现大量泡沫，因此必须加入适量的消泡剂。如正丁醇、食品及医药用的消泡剂、印制板专用消泡剂 AF－3 等。消泡剂起始的加入量为 0.1% 左右，随着显影液溶进干膜，泡沫又会增加，可继续分次补加。显影后要确保板面上无余胶，以保证基体金属与电镀金属之间有良好的结合力。图 7－29 为一台全自动喷淋显影机。图 7－30 为显影前后 PCB 板对比。

显影前　　　　　　　　　　　　　显影后

图 7 - 30　显影前后对比

　　显影是制造高密度 PCB 板的关键控制点之一，也是技术难点，其质量的优劣直接影响 PCB 板的合格率。所以，在制作过程中，必须要注意以下几点：

　　（1）曝光要适度。这样才能达到线条清晰平直，保证图形电镀的合格率及其基板的电性能和其他工艺要求。

　　（2）感光油墨尽可能平整且厚度均匀。油墨不能太薄或油墨的稀释剂不能加得太多。

　　（3）油墨固化温度要稳定、时间不能太长或者闷板（即时间到了以后没有及时将板出炉）。

　　（4）底片遮光率要好。底片的质量好坏，可采用光密度表示：底片黑的部分光密度高；透明的部分光密度小，两者之间差值越大越好，即称之谓反差好。如果底片本身反差不够，会直接影响到曝光时间的控制。如果某些用于图形转移的阳片，不透明部分光密度不够高，直接影响到覆盖下的干膜也会发生明显的光聚合反应，而且产生较大面积的余胶。所以，要严格控制底片的质量。

　　（5）显影要充分。显影是与下道工序直接相连的重要工序，其质量的好与坏是整个图形转移成功与否的重要标志。

7.12 镀锡、褪锡、脱膜

镀锡是制板中非常重要的环节之一,镀锡的好坏直接影响到制板的成功率和线路精度。镀锡的作用就是将焊盘、线路部分以及双面板中的金属化过孔镀上锡,以达到在碱性腐蚀液中保护线路部分不被腐蚀。

褪锡是将已完成线路蚀刻后的线路抗蚀层(即:经镀锡工艺形成的锡层)去除,露出线路,从而利于后续阻焊等工艺的制作。

覆膜工艺中的脱膜是将已完成线路蚀刻后的线路抗蚀层(即:经曝光而固化的掩孔干膜)去除,露出线路,从而利于后续的阻焊制作。

1. 镀锡

锡是一种银白色的金属,具有抗腐蚀、无毒、易钎焊等优点,被广泛地应用于工业生产中的各个领域。基于锡良好的钎焊性及抗腐蚀性,镀锡在印制电镀板(PCB)和超大规集成电路芯片中也具有极大的应用价值。镀锡按照发展历程可分为热浸锡、电镀锡和化学镀锡三大类。热浸锡是利用金属基体与镀层金属之间相互渗透、化学反应、扩散等方式形成冶金结合的合金镀层,采用气刀(氮气)来控制镀层厚度,该工艺操作简单、镀层厚。随着电子器材微型化和精密化,热浸锡工艺所带来的镀层厚度不均、微孔堵塞问题以及能源问题,使其已经不能满足电子产品的需要。电镀是在一定的电解液(主要成分是硫酸亚锡,硫酸和添加剂)中,外加直流电源在基体表面上沉积一层与基体结合牢固的光滑平整镀层。电镀锡的优点是工艺流程简单、镀液配方简单,循环使用率高,易维护,适用于大规模生产。化学镀是在镀液中,金属离子在还原剂的作用下于基体活性表面上沉积的过程。一般分为置换法和还原法两种。化学镀的优点是镀液分散能力和覆盖能力好,镀层厚度均匀,不需要外加电源。

本工艺环节采用电镀的镀锡方法。使用设备如图7-31所示。

将显影完毕的板材的一个边缘用刀片将表面的线路油墨刮除,漏出导电的铜面。然后用电镀夹具将板材夹好,挂在电镀摇摆框上(阴极)并拧紧。打开电源,调整好电镀电流开始电镀(最佳电镀电流为1.5 A ~2 A/dm^2,最佳电镀时间为20分钟)。镀锡前后效果如图7-32所示。在线路表面会有少量气泡产生,属于正常情况。如果气泡量非常大,则表示电镀电流过大,应及时调整。电流调整应遵循从小到大原则进行调节。刚开始电镀,应将电流调节得比较小,待电

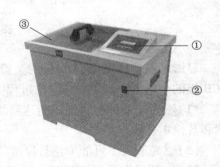

图7-31 镀锡机
①—开关;②—控制面板;③—镀锡槽

镀到总时间三分之一后,再将电流调节到标准电流大小。电镀完毕后,及时用水冲洗干净。在线路表面和孔内壁应有一层雪亮的锡。

PCB电镀锡故障排除:镀层出现粗糙原因较多,如明胶含量不足、主盐浓度过高、阴极电流密度过高和溶液中固体杂质过多等。但另一种可能原因常被大家所忽视,即四价锡的影响。四价锡浓度过高时会随着二价锡离子一起沉积到镀层之中去,结果除会影响镀层的可焊性之外,还会使镀层结晶粗糙、疏松等症状。这一故障现象可通过活性炭吸附处理后进行过

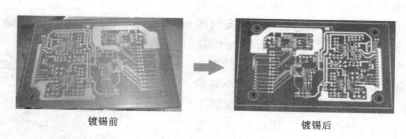

镀锡前　　　　　　　　　　　镀锡后

图7－32　镀锡前后对比

滤，并重新调整其他成分予以解决。

2. 褪锡

脱膜工艺中的褪锡是将已完成线路蚀刻后的线路抗蚀层(即：经镀锡工艺形成的锡层)去除，露出线路，从而利于后续阻焊等工艺的制作。

退锡水，又称为剥锡液，是印制线路板生产中使用的主要化学材料之一，用于锡镀层、锡铅合金镀层以及锡焊接点的退除，适用于电子元件(IC)，线路板(PCB)制造过程中铜表面的锡/铅锡合金层的退除，可用浸泡或机械喷淋方法进行操作。适用于铜表面的锡/铅锡合金层的退除。对铜(Cu)基体及镍(Ni)基体都无损伤，并且能去除铜锈迹，使铜基体光亮如新，对基层树脂与塑胶与油墨字等均无腐蚀。

产品退锡量大，退锡速度很快，使用持久有效。

退锡水根据主要成分的不同可分为三种类型：

(1)氟化物型，由氢氟酸、氟盐(氟化氢铵)、过氧化物等组成，由于其环境指标(氟化物挥发性强、污染极重)及技术经济指标均较差，已成为淘汰剂型，现在在国内外均用得较少；

(2)硝酸型退锡水，由硝酸、硝酸铁、缓蚀剂、表面活性剂、氮氧化物抑制剂、络合剂等组成，硝酸浓度一般为20%～25%，具有高速剥锡、高效持久、不伤底铜、铜面光亮无灰白色等特点；

(3)硝酸—烷基磺酸型，该剂型的组成与硝酸型退锡剂类似，差别仅在于硝酸浓度较低，一般≤15%，减少了对设备和环境的危害，但有机磺酸的加入使其成本略为提高。硝酸型及硝酸—烷基磺酸型退锡剂的技术性能相近，是当今PCB生产的主导剂型，90%以上的PCB企业尤其是中大型企业在使用后两种退锡剂。

使用方法：原液使用。将锡工件浸泡在退锡中，施加一定的机械性工作效果更佳，以退尽锡为止，锡层退除后用水冲洗干净即可。当退锡水中锡泥过多时可以沉淀过滤回收锡，退锡液可以多次重复使用。退锡后处理：退锡后铜基体表面会有一层灰白色的膜，要用除膜剂清除，除膜剂配制方法如下：1公斤水加入100～200克A和100～200克B，搅拌后使用。本剂只用于除膜，除去膜层后铜基体露出。取出工件用水冲洗干净。

注意事项：产品不得添加其他化学物质，原液使用。产品有腐蚀性，注意轻拿轻放，防止飞溅。贮存于干燥阴凉处。

3. 脱膜

覆膜工艺中的脱膜是将已完成线路蚀刻后的线路抗蚀层(即：经曝光而固化的掩孔干膜)去除，露出线路，从而利于后续的阻焊制作。脱模剂的主要成分是氢氧化钠。自动喷淋脱膜机是快速制板设备系列的一款自动喷淋脱膜设备，主要应用于线路板脱膜工艺制板，是实现高精度，快速制板的设备。设备配有液体加热装置、液体过热保护装置、自动液位检测与报警装置、具有双重保护的自动温控装置、自动开盖检测与报警装置、液体循环高压喷淋装置、脱膜工艺自动计时与自动关闭装置、双层保护盖装置等，如图7-33所示。

控制面板

脱膜槽

图7-33　自动喷淋脱膜机

7.13　蚀刻

在板子外层需保留的铜箔部分上，也就是电路的图形部分上预镀抗蚀层，然后用化学方式将其余的铜箔腐蚀掉，称为蚀刻。锡或铅锡是最常用的抗蚀层。在印制电路板外层电路的加工工艺中，还有另外一种方法，就是用感光膜代替金属镀层做抗蚀层。这种方法非常近似于内层蚀刻工艺，可以参阅内层制作工艺中的蚀刻。

目前典型的蚀刻剂多采用碱性工艺。在氨性蚀刻剂的蚀刻工艺中，氨性蚀刻剂是普遍使用的化工药液，与锡或铅锡不发生任何化学反应。氨性蚀刻剂主要是指氨水/氯化氨蚀刻液。以硫酸盐为基的蚀刻药液，使用后，其中的铜可以用电解的方法分离出来，因此能够重复使用。由于它的蚀刻速度慢、效率较低，一般在实际生产中不多见。有人试验用硫酸—双氧水做蚀刻剂来腐蚀外层图形。由于包括成本过高和废液环保处理方面等许多原因，这种工艺尚未在商用的意义上被大量采用。更进一步说，硫酸—双氧水，不能用于铅锡抗蚀层的蚀刻，而这种工艺不是PCB外层制作中的主要方法，故绝大多数人很少问津。

蚀刻通常采用浸入蚀刻和喷洒蚀刻。

浸入蚀刻只需一个装满蚀刻溶液的槽，蚀刻剂通常使用三氯化铁和清水的混合溶液，把板子整个浸入到溶液中直至蚀刻完成，如图7-34所示。这就需要很长的蚀刻时间，且蚀刻速度非常缓慢，可以通过加热蚀刻溶液的方法来提高蚀刻速度。这种方法适用于小型板或样板。

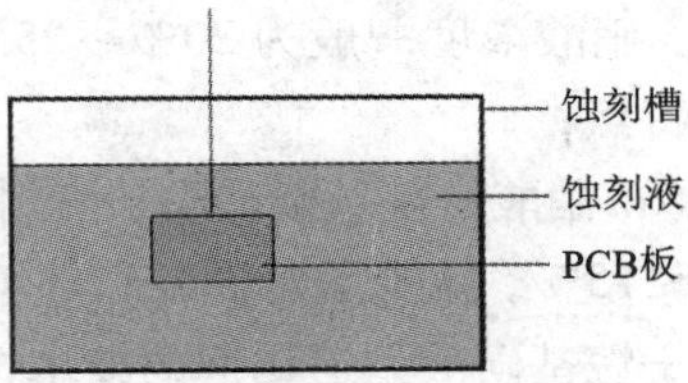

蚀刻槽

蚀刻液

PCB板

图7-34　浸入蚀刻示意图

喷洒蚀刻是在一个封闭的槽内通过若干个喷嘴将蚀刻溶液从槽中均匀地抽上来喷洒在板子的表面。它把新鲜的溶液喷洒在板子上，具有很高的蚀刻速率。调整好喷嘴的排放位置，控制好喷嘴的喷洒样式、压力以及喷洒量，可以达到侧蚀小、细纹分辨率高的效果。喷洒蚀刻技术有两种类型——水平喷洒和垂直喷洒。图7-35为水平喷洒蚀刻示意图。

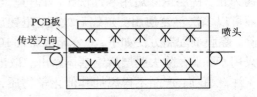

PCB板

传送方向

喷头

图7-35　水平喷洒蚀刻示意图

喷洒蚀刻机器可采用全自动或半自动方式进行垂直或水平蚀刻。自动设备的设计是为了提高生产速度。板子放置在架子上面，通过蚀刻室时，一排喷嘴摆动对板子进行一面或双面喷洒蚀刻，架子需要紧接着用水冲洗中和。每排喷嘴的压力很容易控制。由于喷洒蚀刻的产量和细纹分辨率高，因此它是应用最为广泛的一项技术，如图 7 - 36 为全自动水平喷淋蚀刻机。

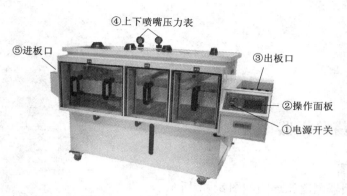

④上下喷嘴压力表

⑤进板口

③出板口

②操作面板

①电源开关

图 7 - 36 全自动水平喷淋蚀刻机

打开电源开关①，通过操作面板②设定好蚀刻时间（1 min）和蚀刻剂溶液温度（40 ～ 45℃），等待蚀刻剂溶液升温至设定温度后再将 PCB 板放入进板口⑤，开始全自动蚀刻，蚀刻完成后 PCB 板会从出板口③传送出来。图 7 - 37 为蚀刻前后 PCB 板对比。

通过蚀刻工艺后 PCB 板的线路制作就完成了。

蚀刻前

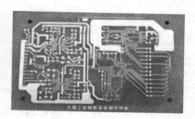
蚀刻后

图 7 - 37 蚀刻前后效果

第8章
电子技能实训

8.1 双管振荡警报器

1. 电路原理图
双管振荡警报器电路原理图如图 8-1 所示。

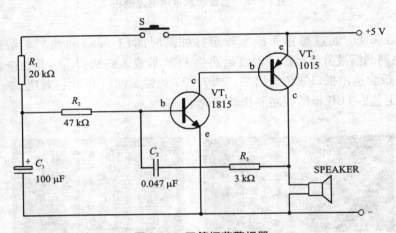

图 8-1 双管振荡警报器

2. 实训目的
(1)熟悉三极管导通条件及电容充放电过程。

(2)了解振荡电路的工作原理和电路结构。

(3)通过对双管振荡警报器的组装,掌握电子电路装配技巧。

3. 实训仪器及工具
(1)直流稳压电源　　1 台

(2)双踪示波器　　　1 台

(3)数字万用表　　　1 块

(4)焊接工具　　　　1 套

4. 元器件
元器件见表 8-1。

表 8 - 1　元器件参数

名称	代号	规格型号	数量	备注
电阻	R_1	20 kΩ, 1/4 W	1	
电阻	R_2	47 kΩ, 1/4 W	1	
电阻	R_3	3 kΩ, 1/4 W	1	
电解电容	C_1	100 μF, 16 V	1	
电容	C_2	0.047 μF	1	
三极管	VT_1	1815	1	
三极管	VT_2	1015	1	
按键开关	S		1	
扬声器	SPEAKER	8 Ω, 0.5 W	1	

5. 工作原理

该电路是一典型的振荡电路。晶体管 VT_1 为 VT_2 提供基极电流，它们互相配合工作，与电阻 R_3、电容 C_2 构成正反馈电路，从而形成振荡。

工作过程：当按下按钮不放时，电源通过 R_1 向 C_1 充电，使 VT_1 基极电位上升。当电压上升到 0.65 V 左右电路即起振，喇叭开始发声。由于 C_1 不断被充电，电压不断升高，使 VT_1 的基极电流不断升高，因此喇叭声音不断升高。当 C_1 电压达到电源电压时，声音趋于稳定。松开 S 按钮后，C_1 所存储的电荷通过 R_2 向 VT_1 发射结放电，使喇叭延时发声十几秒钟。这十几秒的音调由高滑向低，声音由大变小。当所存储的电荷基本放完后，线路停振。

6. 制作与检测

(1)检查每个元器件，特别是三极管。

(2)依照原理图合理在电路板上布局元器件。

(3)用万用表测量好扬声器输出电压及频率。

(4)仔细检查电路连接是否正确，三极管 B、C、E，电解电容正负极，电路结点是否弄错。

(5)检查有无虚焊。用数字万用表二极管挡(蜂鸣挡)测量元件引脚之间是否连通。如果万用表发出蜂鸣声说明是连通的，反之则不通。

(6)检查相交导线之间是否短路。由于焊接时，靠近焊点的导线绝缘皮温度较高，使得在此附近的相交导线之间绝缘皮破损而短路。

8.2　音频信号发生器

1. 电路原理图

音频信号发生器电路原理图如图 8 - 2 所示。

2. 实训目的

(1)了解 RC 移相式正弦波振荡电路的工作原理。

(2)了解放大电路工作原理和电路结构。

(3)通过对电路的组装，掌握电子电路装配技巧。

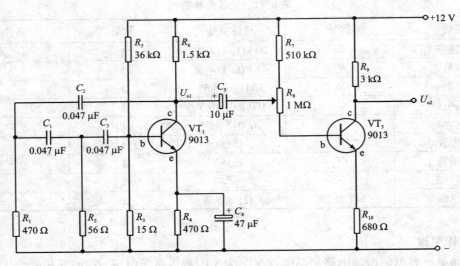

图 8-2 音频信号发生器

3. 实训仪器及工具

(1) 直流稳压电源   1台
(2) 双踪示波器   1台
(3) 数字万用表   1块
(4) 焊接工具   1套

4. 元器件

元器件见表 8-2。

表 8-2 元器件参数

名称	代号	规格型号	数量	备注
电阻	R_1, R_4	470 Ω, 1/4 W	2	
电阻	R_2	5.6 kΩ, 1/4 W	1	
电阻	R_3	15 kΩ, 1/4 W	1	
电阻	R_5	36 kΩ, 1/4 W	1	
电阻	R_6	1.5 kΩ, 1/4 W	1	
电阻	R_7	510 kΩ, 1/4 W	1	
可调电阻	R_8	1 mΩ, 1/4 W	1	
电阻	R_9	3 kΩ, 1/4 W	1	
电阻	R_{10}	680 Ω, 1/4 W	1	
三极管	VT_1, VT_2	9013	2	
瓷介电容	C_1, C_2, C_3	0.047 μF	3	
电解电容	C_4	47 μF/16 V	1	
电解电容	C_5	100 μF/16 V	1	

5. 工作原理

音频信号发生电路由 RC 移相式正弦波振荡电路和放大电路构成。其中 RC 移相式正弦波振荡电路由 $R_1 \sim R_6$、$C_1 \sim C_5$、VT_1 构成，放大电路由 $R_7 \sim R_{10}$ 和 VT_2 构成。

电路中的电阻 R_3 和 R_5 构成 VT_1 的分压式偏置电路，R_6 是 VT_1 集电极负载电阻，R_4 是 VT_1 发射极电阻，VT_1 具备处于放大状态的直流电路工作条件。VT_1 工作在放大状态下，这是一个振荡器所需的放大条件。正反馈环节由 VT_1 本身产生的 180°移相加上 3 节 RC 移相电路产生 180°移相来满足相位平衡，经 VT_1 集电极与 3 节 RC 移相电路加载到 VT_1 的基极来构成。其中电容 C_2 和电阻 R_1 构成第一节 RC 超前移相式电路，C_1 和 R_2 构成第二节 RC 移相电路，C_3 和放大器输入电阻（由 R_3、R_4 和 VT_1 的输入电阻并联）构成第三节 RC 移相电路。C_5 将 RC 移相式正弦波振荡电路的输出信号输入到放大电路即 VT_2 的基极。其中调节可调电阻 R_8 可以改变 VT_2 的静态工作点从而获得不失真放大信号。

6. 制作与检测

（1）首先用数字万用表测量三极管的 B、C、E 电极；注意三极管型号。

（2）测量电阻、电容值，特别注意可调电阻（电位器）的引脚接线方法。

（3）按照电路原理图布局元器件并进行焊接，元器件排列要整齐。

（4）焊接完后检查准确无误之后接上 +12 V 电源。

（5）电路出现故障时先检查 C_5 负极波形是否为正弦波，如果没有正弦波，说明振荡电路出错，检查该部分电路。如 C_5 波形为正弦波，但 U_{o2} 没有波形则检查放大电路。

8.3 555 振荡报警电路

1. 电路原理图

555 振荡报警电路电路原理图如图 8 - 3 所示。

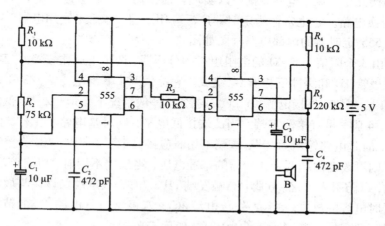

图 8 - 3 555 振荡报警电路

2. 实训目的

（1）了解 555 定时器工作原理及内部结构。

（2）了解 555 多谐振荡器工作原理。

(3)通过对电路的组装,掌握电子电路装配技巧,测量555振荡器输出波形。

3. 实训仪器及工具

(1)直流稳压电源　　1台
(2)双踪示波器　　　1台
(3)数字万用表　　　1块
(4)焊接工具　　　　1套

4. 元器件

元器件见表8-3。

表8-3　元器件参数

名称	代号	规格型号	数量	备注
555定时器	U_1，U_2	NE555	2	
电阻	R_1，R_3，R_4	10 kΩ，1/4 W	3	
电阻	R_2	75 kΩ，1/4 W	1	
电阻	R_5	220 kΩ，1/4 W	1	
电解电容	C_1，C_3	10 μF/10 V	2	
涤纶电容	C_2，C_4	0.47 μF	2	
扬声器	B	8 Ω/0.5 W	1	

5. 工作原理

555定时器是一种模拟和数字功能相结合的中规模集成器件。555定时器成本低,性能可靠,只需要外接几个电阻、电容,就可以实现多谐振荡器、单稳态触发器及施密特触发器等脉冲产生与变换电路。它也常作为定时器广泛应用于仪器仪表、家用电器、电子测量及自动控制等方面。555定时器的内部电路框图如图8-4所示。

555定时器由3个阻值为5 kΩ的电阻组成的分压器、两个电压比较器C_1和C_2、基本RS触发器、放电三极管TD和缓冲反相器G_4组成。它提供两个基准电压$V_{CC}/3$和$2/3V_{CC}$。它的各个引脚功能如下:1脚,外接电源负端V_{SS}或接地,一般情况下接地。2脚,低触发端TR。3脚,输出端V_{out}。4脚,是直接清零端。当此端接低电平,则时基电路不工作,此时不论TR、TH处于何电平,时基电路输出为"0",该端不用时应接高电平。5脚,VC为控制电压端。若此端外接电压,则可改变内部两个比较器的基准电压,当该端不用时,应将该端串入一只0.01 μF电容接地,以防引入干扰。6脚:高触发端TH。7脚,放电端。该端与放电管集电极相连,用做定时器时电容的放电。8脚,外接电源V_{CC},双极型时基电路V_{CC}的范围是4.5~16 V,CMOS型时基电路V_{CC}的范围为3~18 V。一般用5 V。

555定时器工作时过程分析如下:5脚经0.01 μF电容接地,比较器C_1和C_2的比较电压为:$V_{R1} = 2/3V_{CC}$、$U_{R2} = 1/3V_{CC}$。当$V_{I1} > 2/3V_{CC}$,$V_{I2} > 1/3V_{CC}$时,比较器C_1输出低电平,比较器C_2输出高电平,基本RS触发器置0,G_3输出高电平,放电三极管TD导通,555定时器输出低电平。当$V_{I1} < 2/3V_{CC}$,$V_{I2} > 1/3V_{CC}$时,比较器C_1输出高电平,比较器C_2输出高电平,

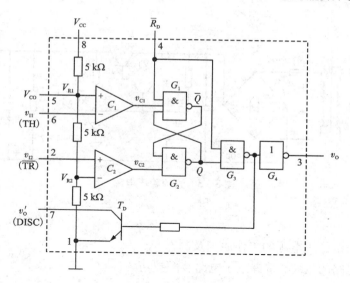

图 8 - 4　555 内部电路图

基本 RS 触发器保持原状态不变，555 定时器输出状态保持不变。当 $V_{I1} > 2/3V_{CC}$，$V_{I2} < 1/3V_{CC}$ 时，比较器 C_1 输出低电平，比较器 C_2 输出低电平，基本 RS 触发器两端都被置 1，G_3 输出低电平，放电三极管 TD 截止，定时器输出高电平。当 $V_{I1} < 2/3V_{CC}$，$V_{I2} < 1/3V_{CC}$ 时，比较器 C_1 输出高电平，比较器 C_2 输出低电平，基本 RS 触发器置 1，G_3 输出低电平，放电三极管 TD 截止，定时器输出高电平。

　　本电路由 2 个多谐振荡器构成。U_1 输出脉冲信号，通过 R_3 控制 IC_2 的 5 脚电平。当 IC_1 输出高电平时，IC_2 的振荡频率低，当 IC_1 输出低电平时，IC_2 的振荡频率高。因此 IC_2 的振荡频率被 IC_1 的输出电压调制为两种音频，使扬声器发出"滴、嗒、滴、嗒……"的双音报警声。

　　6. 制作与检测

　　(1)检查各个元器件的数量、阻值、容量、555 芯片等器件。

　　(2)固定元器件，首先固定两块 555 芯片插座，然后按照电路图排列元器件。

　　(3)用细导线连接各个焊点。

　　(4)检查电路连接是否正确，有无虚焊或短路，检查扬声器和 555 芯片是否损坏。扬声器发出报警声，但频率明显不对或不规律，也有的变调。检查电容 C_1、C_4、C_2，更换 555 芯片。扬声器单响时，为 555 芯片 U_1 的 3 脚输出不正常导致。检查 U_1 是否损坏、引脚间是否短路及 U_1 的外围阻容电路是否正确连接。

　　(5)用示波器测量 U_1 和 U_2 的③脚输出波形。

8.4　串联型直流稳压电源

1. 电路原理图

串联型直流稳压电源电路原理图如图 8 - 5 所示。

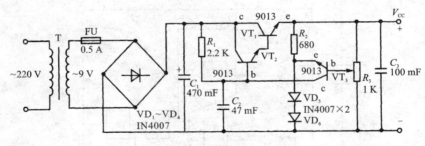

图 8 - 5　直流稳压电源

2. 实训目的

（1）了解串联型稳压电源的工作原理及制作。

（2）通过对电路的组装，掌握电子电路装配技巧。

3. 实训仪器及工具

（1）直流稳压电源　　　1 台

（2）双踪示波器　　　　1 台

（3）数字万用表　　　　1 块

（4）焊接工具　　　　　1 套

4. 元器件

元器件见表 8 - 4。

表 8 - 4　元器件参数

名称	代号	规格型号	数量	备注
三极管	VT_1，VT_2，VT_3	9013	3	
二极管	$VD_1 \sim VD_6$	IN4007	6	
电阻	R_1	2.2 kΩ，1/4 W	1	
电阻	R_2	680 Ω，1/4 W	1	
可调电阻	R_P	1 kΩ	1	
电解电容	C_1，C_3	100 μF/16 V	2	
电解电容	C_2	470 μF/16 V	1	
变压器	T	220 V/9 V	1	
保险丝	FU	1 A	1	

5. 工作原理

串联型稳压电路由变压、整流、滤波、稳压部分构成。而稳压部分一般有四个环节：调整环节、基准电压、比较放大器和取样电路构成。

变压部分由变压器 T 和保险丝 FU 构成。变压器 T 将 220 V 交流电降至 9 V 交流输入到下个整流电路。整流电路由四个二极管构成桥式整流电路。桥式整流利用四个二极管，两两对接。输入正弦波的正半部分是两只管导通，得到正的输出；输入正弦波的负半部分时，另两只管导通，由于这两只管是反接的，所以输出还是得到正弦波的正半部分。桥式整流器对输入正弦波的利用效率比半波整流高一倍。桥式整流是交流电转换成直流电的第一个步骤。整流电路的输出电压不是纯粹的直流，从示波器观察整流电路的输出，与直流相差很大，波形中含有较大的脉动成分，称为纹波。为获得比较理想的直流电压，需要利用具有储能作用的电抗性元件组成的滤波电路来滤除整流电路输出电压中的脉动成分以获得直流电压。常用的滤波电路有无源滤波和有源滤波两大类。无源滤波的主要形式有电容滤波、电感滤波和复式滤波。本电路采用电容滤波，即电容 C_1。

稳压部分由以下电路组成：VT_1、VT_2 组成复合调整管（即调整电路），VT_1 用于调整输出电压，R_1 为复合管的偏置电阻，C_2 用于减小纹波电压；VT_3 为比较放大管，它是将稳压电路输出电压的变化量放大送至复合调整管，控制其基极电流，从而控制 VT_1 的导通程度（即比较放大电路）；VD_5、VD_6 为 VT_3 的发射极提供稳定的基准电压（即基准电路），R_2 保证 VD_5、VD_6 有合适的工作电流；R_p 组成输出电压的取样电路，将其变化量的一部分送入 VT_3 基极，调节 R_p 可调节输出电压的大小（即取样电路）。

6. 制作与检测

（1）首先用数字万用表测量三极管的 B、C、E 电极；注意三极管型号。

（2）测量电阻、电容值，特别注意可调电阻（电位器）的引脚接线方法。

（3）按照电路原理图布局元器件并进行焊接，元器件排列要整齐。

（4）调试前一定要将整流、滤波、稳压电路仔细检查无误后才可接入变压器，且变压器接入时一定注意不能将变压器原边、副边连接线短路。

（5）用示波器测量电容 C_1 的正极，观察整流、滤波后的波形。

（6）用万用表测量 C_3 输出电压，同时调节 R_p 将数据记录。

8.5　三路晶闸管抢答器

1. 电路图

三路晶闸管抢答器电路图如图 8 - 6 所示。

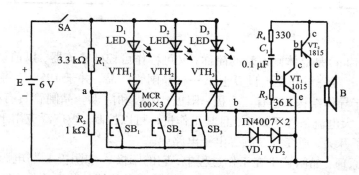

图 8 - 6　三路晶闸管抢答器

2．实训目的

（1）了解晶闸管工作原理。

（2）掌握发光二极管的工作原理。

（3）熟悉晶闸管电路工作方式。

3．实训仪器及工具

（1）直流稳压电源　　　1 台

（2）双踪示波器　　　　1 台

（3）数字万用表　　　　1 块

（4）焊接工具　　　　　1 套

4．元器件

元器件见表 8 - 5。

表 8 - 5　元器件参数

名称	代号	规格型号	数量	备注
晶闸管	VTH$_1$ ~ VTH$_4$	MCR100 - 6	3	
钮子开光	SA	3 A/250 V	1	
电阻	R_1	3.3 kΩ, 1/4 W	1	
电阻	R_2	1 kΩ, 1/4 W	1	
电阻	R_3	36 kΩ, 1/4 W	1	
电阻	R_4	360 Ω, 1/4 W	1	
发光二极管	D$_1$ ~ D$_3$	0.3 A, 2.5 V	3	
涤纶电容	C_1	0.1 μF	1	
二极管	VD$_1$, VD$_2$	IN4007	2	
三极管	VT$_5$, VT$_6$	1815, 1015	2	
扬声器	B	8 Ω, 0.5 W	1	
按钮	S$_1$ ~ S$_4$		3	

5．工作原理

晶闸管(Thyristor)是晶体闸流管的简称，又可称作可控硅整流器，以前被简称为可控硅；1957 年美国通用电器公司开发出世界上第一款晶闸管产品，并于 1958 年将其商业化；晶闸管是 PNPN 四层半导体结构，它有三个极：阳极，阴极和门极。晶闸管具有硅整流器件的特性，能在高电压、大电流条件下工作，且其工作过程可以控制，被广泛应用于可控整流、交流调压、无触点电子开关、逆变及变频等电子电路中。

晶闸管工作原理：晶闸管 T 在工作过程中，它的阳极 A 和阴极 K 与电源和负载连接，组成晶闸管的主电路，晶闸管的门极 G 和阴极 K 与控制晶闸管的装置连接，组成晶闸管的控制电路。

134

晶闸管的工作条件：

（1）晶闸管承受正向阳极电压时，仅在门极承受正向电压的情况下晶闸管才导通。这时晶闸管处于正向导通状态，这就是晶闸管的闸流特性，即可控特性。

（2）晶闸管在导通情况下，只要有一定的正向阳极电压，不论门极电压如何，晶闸管保持导通，即晶闸管导通后，门极失去作用。门极只起触发作用。

（3）晶闸管在导通情况下，当主回路电压（或电流）减小到接近于零时，晶闸管关断。

（4）晶闸管承受反向阳极电压时，不管门极承受何种电压，晶闸管都处于反向阻断状态。

可控硅极性的判定：可控硅有三个电极：阳极（A）、阴极（K）和控制极（G），阳极（A）与控制极（G）之间是两个反极性串联的 PN 结，控制极（G）与阴极（K）之间是一个 PN 结。根据 PN 结的单向导电特性，将指针式万用表选择适当的电阻挡，测试极间正反向电阻（相同两极，将表笔交换测出的两个电阻值），对于正常的可控硅，G、K 之间的正反向电阻相差很大；G、K 分别与 A 之间的正反向电阻相差很小，其阻值都很大。这种测试结果是唯一的，根据这种唯一性就可判定出可控硅的极性。用万用表 R×1K 挡测量可控硅极间的正反向电阻，选出正反向电阻相差很大的两个极，其中在所测阻值较小的那次测量中，黑表笔所接为控制极（G），红表笔所接的为阴极（K），剩下的一极就为阳极（A）。通过判定可控硅的极性，同时也可定性判定出可控硅的好坏。如果在测试中任何两极间的正反向电阻都相差很小，其阻值都很大，说明 G、K 之间存在开路故障；如果有两极间的正反向电阻都很小，并且趋近于零，则可控硅内部存在极间短路故障。

三路晶闸管抢答器工作原理：电源接复位开关，接分压电阻 R_1、R_2，a 点电位大约是 2.2 V 左右。B 点电位为 0 V。电阻与控制电路并联，晶闸管阳极接指示灯，阴极接两个二极管，控制极接到 R_1、R_2 中间，二极管的导通电压很低，当电路中的晶闸管任何一个导通，使得电压较低，使得其他的晶闸管的控制极和阴极间电压不足，难以以导通控制极接到 R_1、R_2 中间，抢答电路由指示灯和晶闸管组成的电路并联而成，三极管组成复合管，连接扬声器起到功率放大作用，带动扬声器。

6. 制作与检测

（1）用万用表判定好晶闸管各引脚极性。

（2）闭合按钮开关后按下一个按钮，这时对应的 LED 灯点亮。如按下另一个按钮 LED 等也同时点亮，就应把电源电压调低或者选用阻值大点的 R_2 电阻再进行调试。

8.6　超外差式收音机

1. 电路原理图

超外差式收音机电路图如图 8-7 所示。

2. 实训目的

（1）了解调幅超外差式收音机工作原理。

（2）掌握如何统调超外差式收音机。

3. 实训仪器及工具

（1）直流稳压电源　　　1 台

（2）标准信号发生器　　1 台

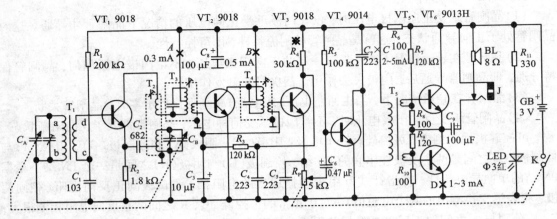

图 8-7 调幅超外差式

(3)数字万用表　　　　1块
(4)焊接工具　　　　　 1套

4. 元器件

元器件见表8-6。

表8-6　元器件参数

名称	代号	规格型号	数量	备注
三极管	$VT_1 \sim VT_3$	9018	3	
三极管	VT_4	9014	1	
三极管	VT_5，VT_6	9013	2	
电阻	R_1	220 kΩ	1	
电阻	R_2	1.8 kΩ	1	
电阻	R_3	120 kΩ	1	
电阻	R_4	30 kΩ	1	
电阻	R_5，R_6，R_8，R_{10}	100 Ω	4	
电阻	R_7，R_9	300 Ω	2	
电阻	R_{11}	330 Ω	1	
电解电容	C_3	0.1 μF/10 V	1	
电解电容	C_6	0.47 μF	1	
电解电容	C_8，C_9	100 μF	2	
瓷片电容	C_1	103	1	
瓷片电容	C_2	682	1	

名称	代号	规格型号	数量	备注
瓷片电容	C_4，C_5，C_7	223	3	
可调电容	C_A，C_B	CBM－223	1	
电位器	R_P	5 K	1	
磁棒	T_1	5 * 13 * 55	1	
天线线圈	T_1	100T/10T	1	
中周	T_2	LF10－1 红色	1	
中周	T_3	TF10－1 白色	1	
中周	T_4	TF10－2 黑色	1	
耳机插孔	J	CKX－3.5－07	1	
扬声器	BL	8 Ω, 0.5 W	1	

5. 工作原理

超外差式收音机是指输入信号和本机振荡信号产生一个固定中频信号的过程。如果把收音机收到的广播电台的高频信号都变换为一个固定的中频载波频率（仅是载波频率发生改变，而其信号包络仍然和原高频信号包络一样），然后再对此固定的中频进行放大，检波，再加上低放级，功放级，就成了超外差式收音机。超外差式收音机原理框图如图 8－8 所示。

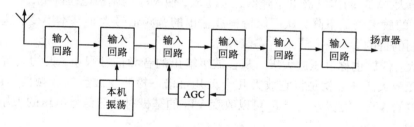

图 8－8　超外差式收音机原理框图

输入回路：输入电路的主要作用一是收集电磁波，使之变为高频电流；二是选择信号。在众多的信号中，只有载波频率与输入调谐回路相同的信号才能进入收音机。输入调谐电路由双连可变电容器的 C_A 和 T_1 的初级线圈组成，是一并联谐振电路，T_1 是磁性天线线圈，从天线接收进来的高频信号，通过输入调谐电路的谐振选出需要的电台信号，当改变 C_A 时，就能收到不同频率的电台信号。

混频电路、本机振荡和选频电路：本机振荡由 VT_1、T_2、C_B 构成，将产生一个高于输入信号载波频率 465 kHz 的高频等幅信号。因 C_B 是双连可调电容的一端与 C_A 联动，因此无论接收哪个频率的电台信号与 T_2 调谐振荡后产生一个总是高于输入信号 465 kHz 的本机振荡频率信号，再通过 C_2 耦合到 VT_1 的发射极。VT_1、T_3 的初级线圈构成了混频电路。通过输入调谐电路接收到的电台信号，通过 T_1 的次级线圈送到 VT_1 的基极，本机振荡信号又通过 C_2 送到

VT_1 的发射极，两种频率的信号在 T_1 中进行混频，利用晶体管的非线性特性获得一个新的频率信号，即中频信号。选频电路是中频变压器 T_3 的初级线圈和内部电容组成的并联谐振电路，它的谐振频率是 465 kHz，可以把 465 kHz 的中频信号从多种频率的信号中选择出来，并通过 T_3 的次级线圈耦合到下一级去，而其他信号几乎被滤掉。

中频放大：以中放管 VT_2 和 VT_3 为中心。各极中频放大器之间采用中频变压器进行耦合。它的主要任务是放大来自变频级的 465 kHz 中频信号，用谐振回路作负载经过选频电路进行选频，滤掉不必要的信号成分，然后输送给检波级检波。原理如下：经过变频级变换成 465 kHz 的中频信号通过 T_2 耦合至 VT_2 基极，经过 VT_2 放大后由 T_3 耦合到 VT_3 进行第二次中频放大，VT_3 既是第二中放的放大管，又是检波级，经 VT_3 放大后的中频信号利用 VT_3 的 be 极的 PN 结的单向导电性进行检波。R_3 是第一中放管 VT_2 的偏置电路，C_4 用来旁路中频信号；R_4、R_3、R_P 是第二中放管 VT_3 的偏置电路。C_5、C_6 是旁路电容，音频信号通过 C_7 耦合到低放级。

检波和自动增益电路（AGC）：检波级的主要任务是把中频调幅信号还原成音频信号，通过 C_4、C_5 起滤去残余的中频成分的作用。检波后的音频信号由电位器 R_P 的滑动臂经隔直电容 C_7 耦合至低频放大器。中频信号经中频放大器充分放大后由 T_4 耦合到检波管 VT_3，VT_3 既起放大作用，又是检波管。收音机在接收强弱不同的电台信号的时候，音量往往相差很大。电台信号过强，甚至引起失真。装上自动增益控制后，就能避免这些现象。自动增益控制（AGC）的控制过程如下：自动增益控制电路由 R_3、C_4 组成。检波后音频信号的一部分通过 R_3 送回到第一中放管 VT_2 的基极。由于 C_4 的滤波作用，滤去了音频信号中的交流成分，实际上送回到 VT_2 基极的是音频信号中的直流成分。当检波输出的音频信号增大的时候，VT_3 的电流增大，VT_3 的集电极电位降低，通过 R_3，使 VT_2 的基极电位降低，VT_2 的集电极电流减小，VT_2 的放大倍数下降，从而保持检波输出的音频信号大小基本不变，这样就达到了自动增益控制的目的。

低频放大：低放也称电压放大级。从检波级输出的音频信号很小，大约只有几毫伏到几十毫伏。电压放大的任务就是将它放大几十至几百倍。检波滤波后的音频信号由电位器 R_P 送到前置低放管 VT_4，旋转电位器 R_P 可以改变 VT_4 的基极对地的信号电压的大小，可达到控制音量的目的。

功率放大：功率放大器的任务是不仅要输出较大的电压，而且能够输出较大的电流。本电路采用无输出变压器功率放大器。VT_5、VT_6 组成同类型晶体管的推挽电路，R_7、R_8 和 R_9、R_{10} 分别是 VT_5、VT6 的偏量电阻，使 VT_5、VT_6 在没信号输入时，也有一定的集电极电流，用来消除交越失真。变压器 T_5 起阻抗匹配和倒相的作用，它输出大小相等、相位相反的信号推动三极管 VT_5、VT_6 做乙类推挽功率放大。由 T_5 次级提供的倒相信号使 VT_5、VT_6 交替导通，在 VT_6 的集电极上输出放大了的完整的信号，通过隔直电容 C_9 耦合到扬声器上。

6. 制作与检测

（1）按原理图和印刷电路板对照，熟悉元器件位置。

（2）整机电路分析，元器件焊接、安装（安装时应检查元器件的好坏）。

（3）检查电路，将安装好的收音机和电路原理图对照检查下列内容：检查各级晶体管的型号，安装位置和管脚是否正确。检查各级中周的安装顺序，初次级的引出线是否正确。检查电解电容的引线正、负接法是否正确。分段绕制的磁性天线线圈的初次级安装位置是否正确。用指针式万用表×100 挡测量整机电阻，用红表笔接电源负极线，黑表笔接电源正极引线，测得整机电阻值应大于 500 Ω。以上检查无误后，方能接通电源。

（4）超外差式收音机的调试。新装的收音机。必须通过调整才能满足性能指标的要求，其调整内容有：调整各级晶体管的工作点，调整中频频率，调整覆盖（即对刻度）统调（调整频率跟踪即灵敏度）。

8.7 CD9088 调频收音机

1. 电路原理图
CD9088 调频收音机电路原理图如图 8－9 所示。

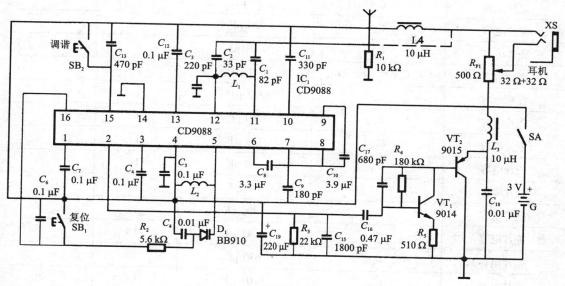

图 8－9 CD9088 调频收音机原理图

2. 实训目的
（1）了解 CD9088 工作原理。
（2）掌握 CD9088 收音机工作原理。
3. 实训仪器及工具
（1）直流稳压电源 　　　1 台
（2）标准信号发生器 　　1 台
（3）数字万用表 　　　　1 块
（4）焊接工具 　　　　　1 套
4. 元器件
元器件见表 8－7。

表 8 − 7　元器件参数

名称	代号	规格型号	数量	备注
电阻	R_1	10 kΩ	1	
电阻	R_2	5.6 kΩ	1	
电阻	R_3	22 kΩ	1	
电阻	R_4	180 kΩ	1	
电阻	R_5	510 Ω	1	
电阻	R_P	500 Ω	1	
瓷片电容	C_1	82 pF	1	
瓷片电容	C_2	33 pF	1	
瓷片电容	C_3	220 pF	1	
瓷片电容	C_4	0.01 μF	1	
瓷片电容	C_5, C_6, C_7, C_{12}, C_{14}	0.1 μF	5	
瓷片电容	C_8	3.3 μF	1	
瓷片电容	C_9	180 pF	1	
瓷片电容	C_{10}	3.9 μF	1	
瓷片电容	C_{11}	330 pF	1	
瓷片电容	C_{13}	470 pF	1	
瓷片电容	C_{15}	1800 pF	1	
瓷片电容	C_{16}	0.47 μF	1	
瓷片电容	C_{17}	680 pF	1	
瓷片电容	C_{18}	0.01 μF	1	
电解电容	C_{19}	220 μF	1	
空心线圈	L_1, L_2		2	
电感	L_3, L_4	10 μH	2	
微型按钮	SB_1, SB_2		2	
变容二极管	D_1	BB910	1	
三极管	VT_1, VT_2	9014，9015	2	
集成电路	IC_1	CD9088	1	
耳机插孔	XS		1	

5. 工作原理

调频收音机具有灵敏度高、选择性好、通频带宽、音质好等特点。采用 CD9088 调频专用集成电路来制作电调谐调频收音机，具有电路简单、制作容易、调试方便、性价比高、音质

140

好、成本低、体积小等特点。CD9088 采用 16 脚双列扁平封装，可直接焊接在印刷电路板上，其工作电压范围为 1.8 ～ 5 V，典型值为 3 V。该电路内含调频收音机从天线接收到鉴频级输出音频信号的全部功能，并设有搜索调谐电路，信号检测电路，静噪电路，以及频率锁定环（FLL）电路等。其特点是采用 70 kHz 中频频率，不设置外围中频变压器，中频选择性由 RC 中频滤波器来完成，简化了电路、省去了中频频率调试的麻烦，又提高了中频频率特性，并减少了电路体积。CD9088 各管脚各引脚的功能如图 8 - 10 和表 8 - 8 所示。

表 8 - 8　CD9088 各引脚功能表

引脚	符号	功能	引脚	符号	功能
1	OUT_{MUTE}	静音输出	9	IN_{IF}	限幅中频输入
2	OUT_{AF}	音频输出	10	FIL_{LP2}	限幅低通滤波
3	LOOP	音频滤波	11	IN_{RF}	射频输入
4	VCC	电源	12	IN_{RF}	射频输入
5	OSC	振荡	13	FIL_{LIM}	限幅器偏置滤波
6	IF_{FB}	中频反馈	14	GND	地
7	FIL_{LP1}	低通滤波	15	FIL_{AP}	全通滤波
8	OUT_{IF}	中频输出	16	TUNE	电调/AFC 输出

FM 信号从 CD9088 集成块 11 脚进入混频电路，电感 L_1、电阻 R_1、电容 C_1、C_2、C_3 构成输入回路，本振电路的本振频率由 L_2、C_4 及变容二极管 D_1 决定。收到的电台信号与本振频率混频后产生 70 kHz 中频信号，经 RC 中频滤波器完成滤波和放大后送鉴频级处理，然后输出音频复合信号，通过静噪电路后，从 CD9088 的 2 脚输出音频复合信号，经 R_3、C_{15} 去加重电路后，由 C_{16}

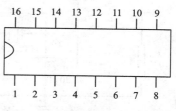

图 8 - 10　CD9088 引脚分布

耦合到由 VT_1、VT_2 组成的低频放大电路放大，推动耳机放音。C_7 为音频静噪电容，C_8 为中频反馈电容，C_9 为低通滤波器电容，C_{10} 为中频级耦合电容，15 脚为搜索调谐端，16 脚为电调谐 AFC 电压输出端，SB_1 为复位按钮，SB_2 为调谐按钮。袖珍电调谐调频收音机的频率范围为 88 ～ 108 MHz，频道间隔为 200 kHz。按一下 SB_2 按钮收音机就会自动从频率低端向频率高端选台，当收到一个电台时，便自动锁定电台停止搜索，如要收听下一个电台节目，可再按一下 SB_2 按钮顺序搜索电台。当搜索到频率最高端时，按一下 SB_1 按钮即可回到频率最低端，然再重新选台。

6. 制作与检测

（1）仔细检查收音机 PCB 上各元件位置，并用万用表将各器件检测好。

（2）整机插装元器件时应按照从小到大的顺序。元器件应尽量贴板并安排好位置，避免外壳安装不上。

（3）调试前先检查所有元器件，焊点无误后接入 3 V 电源。

(4)按住 SB_1 复位键，拨动 L_2 线圈间距，改变其电感量使收到 88 MHz 左右的调频电台信号，如收到 92 MHz 左右的调频信号，可再将 L_2 线圈稍微合拢些即可。

(5)用万用表 200 mA 跨接在电源开关两端测电流，正常电流应为 7~30 mA，并 LED 正常点亮。如果电流为 0 或超过 35 mA 时应检查电路。

8.8　单片机电子时钟电路

1. 电路原理图
单片机电子时钟电路电路原理图如图 8-11、图 8-12 所示。

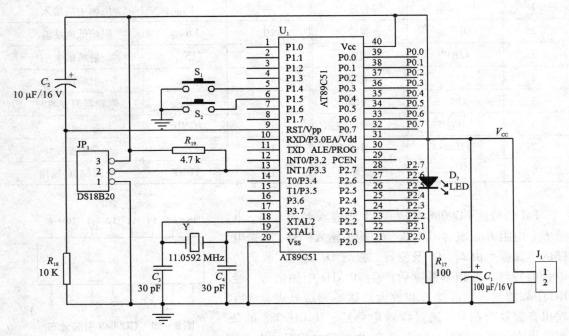

图 8-11　单片机最小系统原理图

2. 实训目的
(1)了解单片机的工作原理。

(2)掌握制作基于单片机的电子时钟产品。

3. 实训仪器及工具
(1)直流稳压电源　　　1 台

(2)单片机开发板　　　1 套

(3)数字万用表　　　　1 块

(4)焊接工具　　　　　1 套

4. 元器件
元器件见表 8-9。

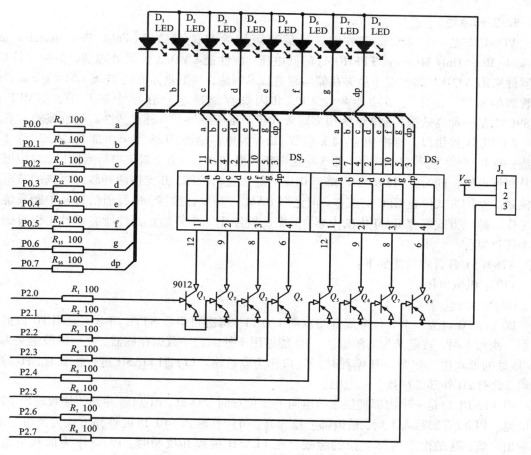

图8-12 单片机数码管显示部分原理图

表8-9 元器件参数

名称	代号	规格型号	数量	备注
电阻	$R_1 \sim R_{17}$	100 Ω	17	
电阻	R_{18},R_{19}	10 kΩ,4.7 kΩ	2	
电解电容	C_1,C_2	100 μF	2	
瓷介电容	C_3,C_4	30 pF	2	
按钮开关	S_1,S_2		2	
发光二极管	$D_1 \sim D_9$	LED	9	
晶振	Y	11.0592 MHz	1	
单片机	U_1	AT89C51	1	
三极管	$Q_1 \sim Q_8$	9012	8	
四位一体数码管	DS_2,DS_3	共阳极	2	

5. 工作原理

AT89C51 是一种带 4K 字节闪烁可编程可擦除只读存储器（Falsh Programmable and Erasable Read Only Memory，FPEROM）的低电压、高性能 CMOS8 位微处理器，俗称单片机。该器件采用 ATMEL 高密度非易失存储器制造技术制造，与工业标准的 MCS-51 指令集和输出管脚相兼容。由于将多功能 8 位 CPU 和闪烁存储器组合在单个芯片中，ATMEL 的 AT89C51 是一种高效微控制器，为很多嵌入式控制系统提供了一种灵活性高且价廉的方案。

AT89C51 提供以下标准功能：4 k 字节 Flash 闪速存储器，128 字节内部 RAM，32 个 I/O 口线，两个 16 位定时/计数器，一个 5 向量两级中断结构，一个全双工串行通信口，片内振荡器及时钟电路。同时，AT89C51 可降至 0Hz 的静态逻辑操作，并支持两种软件可选的节电工作模式。空闲方式停止 CPU 的工作，但允许 RAM，定时/计数器，串行通信口及中断系统继续工作。掉电方式保存 RAM 中的内容，但振荡器停止工作并禁止其他所有部件工作直到下一个硬件复位。

AT89C51 各管脚功能如下：

VCC：供电电压。

GND：接地。

P0 口：P0 口为一个 8 位漏级开路双向 I/O 口，每脚可吸收 8TTL 门电流。当 P0 口的管脚第一次写 1 时，被定义为高阻输入。P0 能够用于外部程序数据存储器，它可以被定义为数据/地址的低八位。在 FIASH 编程时，P0 口作为原码输入口，当 FIASH 进行校验时，P0 输出原码，此时 P0 外部必须接上拉电阻。

P1 口：P1 口是一个内部提供上拉电阻的 8 位双向 I/O 口，P1 口缓冲器能接收输出 4TTL 门电流。P1 口管脚写入 1 后，被内部上拉为高，可用作输入，P1 口被外部下拉为低电平时，将输出电流，这是由于内部上拉的缘故。在 FLASH 编程和校验时，P1 口作为低八位地址接收。

P2 口：P2 口为一个内部上拉电阻的 8 位双向 I/O 口，P2 口缓冲器可接收，输出 4 个 TTL 门电流，当 P2 口被写"1"时，其管脚被内部上拉电阻拉高，且作为输入。并因此作为输入时，P2 口的管脚被外部拉低，将输出电流。这是由于内部上拉的缘故。P2 口当用于外部程序存储器或 16 位地址外部数据存储器进行存取时，P2 口输出地址的高八位。在给出地址"1"时，它利用内部上拉优势，当对外部八位地址数据存储器进行读写时，P2 口输出其特殊功能寄存器的内容。P2 口在 FLASH 编程和校验时接收高八位地址信号和控制信号。

P3 口：P3 口管脚是 8 个带内部上拉电阻的双向 I/O 口，可接收输出 4 个 TTL 门电流。当 P3 口写入"1"后，它们被内部上拉为高电平，并用作输入。作为输入，由于外部下拉为低电平，P3 口将输出电流（ILL）这是由于上拉的缘故。

P3 口也可作为 AT89C51 的一些特殊功能口，P3.0 RXD（串行输入口），P3.1 TXD（串行输出口），P3.2/INT0（外部中断 0），P3.3/INT1（外部中断 1），P3.4 T0（计时器 0 外部输入），P3.5 T1（计时器 1 外部输入），P3.6/WR（外部数据存储器写选通），P3.7/RD（外部数据存储器读选通），P3 口同时为闪烁编程和编程校验接收一些控制信号。

RST：复位输入。当振荡器复位器件时，要保持 RST 脚两个机器周期的高电平时间。

ALE/PROG：当访问外部存储器时，地址锁存允许的输出电平用于锁存地址的低位字节。在 FLASH 编程期间，此引脚用于输入编程脉冲。在平时，ALE 端以不变的频率周期输出正脉冲信号,此频率为振荡器频率的 1/6。因此它可用作对外部输出的脉冲或用于定时目的。然而要注意的是:每当用作外部数据存储器时,将跳过一个 ALE 脉冲。如想禁止 ALE 的输出可在 SFR8EH 地址上置 0。此时,ALE 只有在执行 MOVX,MOVC 指令是 ALE 才起作用。另外,该引脚被略微拉高。如果微处理器在外部执行状态 ALE 禁止,置位无效。

/PSEN:外部程序存储器的选通信号。在由外部程序存储器取指期间,每个机器周期两次/PSEN 有效。但在访问外部数据存储器时,这两次有效的/PSEN 信号将不出现。

/EA/VPP:当/EA 保持低电平时,则在此期间外部程序存储器(0000H – FFFFH),不管是否有内部程序存储器。注意加密方式 1 时,/EA 将内部锁定为 RESET;当/EA 端保持高电平时,此间内部程序存储器。在 FLASH 编程期间,此引脚也用于施加 12 V 编程电源(VPP)。

XTAL1:反向振荡放大器的输入及内部时钟工作电路的输入。

XTAL2:来自反向振荡器的输出。

电路原理:J_1、C_1、R_{17}、D_9 构成电源输入电路,为电路提供稳定的 5 V 直流工作电压。图 8 – 11 为单片机最小系统电路原理图,单片机型号为 AT89C51。Y、C_3、C_4 构成振荡电路,C_2、R_{18} 构成复位电路,按键 S_1、S_2 用于调节时间的时与分,DS18B20 为温度传感器芯片。图 8 – 12 中 DS_2、DS_3 为两个 4 位数码管(共 8 位),用于显示当前时间或温度值;$Q_1 - Q_8$ 为 8 位数码管的选位三极管;$R_1 \sim R_{16}$ 为限流电阻;J_2 为电源选择开关,连通 1 – 2 时,电源给发光二极管供电,做花样流水灯实训,连通 2 – 3 时,电源给数码管供电,可做电子时钟或温度显示实训。上电后,单片机系统上电复位,单片机读取时间初始值 12 – 00 – 00,送到 8 位数码管显示,电子时钟开始工作,同时单片机一直扫描按键情况。当确认有按键按下时,单片机处理按键值,调节时间的显示。

6. 制作与调试

(1)仔细检查单片机 PCB 上各元件位置,并用万用表将各器件检测好。

(2)整机插装元器件时应按照从小到大的顺序。元器件应尽量贴板,四位一体数码管和单片机插座时用镊子将各管脚调整好后贴板插装。

(3)集成元件各引脚间距较小焊接时应避免管脚间短路。

(4)当数码管某一位不显示,或者某一位的某一段不显示,可以根据电路图检查相应线路。

第9章
电工技能实训

9.1 双联开关在两地控制一盏灯

1. 电气原理图

双联开关在两地控制一盏灯电气原理图如图9-1所示。

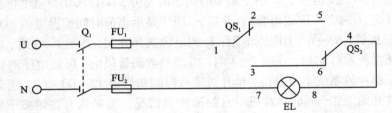

图9-1 双联开光在两地控制一盏灯

2. 实训目的

(1)培养学生的读图能力,使学生全面掌握电工的基本知识、基本操作。

(2)了解线路与布线的合理布局与安装工艺。

(3)掌握常用设备的使用、安装、检测、调试与维护。

(4)通过对电路故障的分析与处理,强化学生的电工基本操作技能。

3. 实训元件

实训元件见表9-1。

表9-1 双联开关在两地控制一盏灯元件表

元件	符号	参数	数量
低压断路器	Q_1	220 V/10A	1
双联开光	QS_1,QS_2	250 V/6A	2
灯座			1
接线板			1
灯泡	EL	220 V/25 W	1
热熔断器	FU_1,FU_2	JR16-20-3	2
导线		m	1

4. 工作原理

有时为了方便，需要在两地控制一盏灯。例如在楼梯上使用的照明灯，要求在楼上、楼下都能控制其亮灭。QS₁ 安装在楼下，QS₂ 安装在楼上。上楼时 QS₁ 向下扳，则电路通，电灯亮，到了楼上，再把 QS₂ 向上扳，则电路断，电灯灭；下楼时，把 QS₂ 向下扳，则电灯亮，到了底楼，QS₁ 向上扳，电灯灭。

5. 故障分析与处理

合上低压断路器 Q₁，接通电源后，QS₁ 向下扳，灯泡不亮。可能灯泡是坏的。断开电路，用万用表欧姆挡测灯泡两端，若电阻无穷大，则灯泡坏的；若指针有偏转，则灯泡正常。

9.2　异步电机点动连动电气控制线路

1. 电气原理图

异步电机点动连动电气控制线路电气原理图如图 9 − 2 所示。

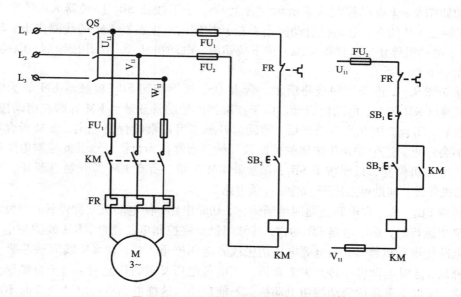

图 9 − 2　异步电机点动、连动电路图

2. 实训目的

（1）了解异步电机最基本控制电路原理。

（2）掌握基本电气控制电路接线方法。

（3）实现异步电机最基本控制。

3. 实训元件

实训元件见表 9 − 2。

表 9 - 2　异步电机点动、连动元器件表

元件	符号	参数	数量
低压断路器	QS	220 V/10A	1
熔断器	FU_1，FU_2	JR16 - 20 - 3	2
交流接触器	KM	CDC10 - 10	1
热继电器	FR	JR36 - 20	1
按钮	SB_1，SB_2，SB_3	LA19 - 11	3

4. 工作原理

点动是指手按下按钮时，电动机转动工作，手松开按钮时，电动机立即停止工作。某些生产机械需要连续运转，即手指按下按钮后，电动机连续转动，手松开按钮后电动机继续工作，按下停止按钮后，电动机停止工作。

点动如图 9 - 2 点动控制线路所示。合上 QS，按下按钮 SB_2，接触器 KM 的吸引线圈得电，其主触点 KM 闭合，电动机启动。当手松开按钮时，接触器 KM 的线圈失电，其主触点 KM 断开，电动机停止。这样就实现了按下按钮时，电动机转动，松开按钮后，电动机停止，也就是点一下动一下。

连动如图 9 - 2 连动控制线路所示。合上 QS，按下按钮 SB_2，接触器 KM 的吸引线圈得电，其主触点 KM 闭合，电动机启动。由于接触器的辅助常开触点 KM 并联在启动按钮两端，线圈得电后，闭合。因此当手松开后，辅助常开触点可以继续保持通电，维持吸合状态，故电动机不会停止。这个并联于按钮的辅助常开触点通常称为自锁触点。此控制电路称为自锁电路。让电动机停止，只要按下 SB_1，接触器 KM 失电，所有 KM 常开触点断开。主触点断开，电动机停转；辅助触点断开，消除自锁电路。

熔断器 FU_1、FU_2 在电路短路时熔断熔体，切断电路，使电动机立即停转；当负载过载或电动机单相运行时，热继电器 FR 动作，其常闭触点将控制电路切断，KM 线圈失电，切断电动机主电路使电动机停转；当电源电压消失或者电压严重下降，使 KM 线圈铁芯吸力消失或减小而释放，这时电动机停转并失去自锁。而电源电压又重新恢复时，由于自锁触点 KM 自锁已解除，所以不重新按启动按钮电动机就不能启动。这样电动机在电源恢复时不能自行启动，以确保操作人员和设备安全。

5. 故障分析与处理

本电路为电动机最基本控制电路。依照电路图将各元器件安装到电工板上，再用导线相互连接好就可以实现控制。如果出现问题，可用万用表测量 U_{11} 和 V_{11} 两端电阻，同时按下按钮 SB_2，观察万用表示数，正确值应在 600 Ω 左右，即接触器 KM 线圈电阻。用万用表二极管挡检查元件各连接点是否导通，从而判定线路是否正确。

9.3　三相异步电动机正反转控制电路

1. 电气原理图

三相异步电动机正反转控制电路电气原理图如图 9 - 3 所示。

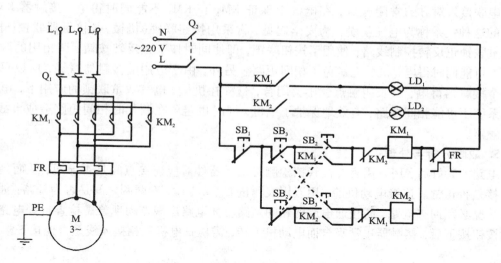

图 9 – 3　三相异步电动机正反转电路

2. 实训目的

（1）了解三相异步电动机正反转电路机构和工作原理。

（2）掌握三相异步电动机正反转接线方法。

3. 实训元件

实训元件见表 9 – 3。

表 9 – 3　异步电机点动、连动元器件表

名称	代号	型号	数量
低压断路器	Q_1，Q_2	DZ47 – 63	2
交流接触器	KM_1，KM_2	CDC10 – 10	2
热继电器	FR	JR36 – 20	1
指示灯	LD_1，LD_2	LD11 – 25	2
按钮	SB_1，SB_2，SB_3	LA19 – 11	3

4. 工作原理

电机要实现正反转控制，将其电源的相序中任意两相对调即可（我们称为换相），通常是 V 相不变，将 U 相与 W 相对调节器，为了保证两个接触器动作时能够可靠调换电动机的相序，接线时应使接触器的上口接线保持一致，在接触器的下口调相。由于将两相相序对调，故须确保二个 KM 线圈不能同时得电，否则会发生严重的相间短路故障，因此必须采取联锁。图 9 – 3 中 KM_1 和 KM_2 引入电动机的电源线左右互换了，改变了电动机电源的相序，从而改变电机转向。KM_1，KM_2 常开触点分别并联在 SB_2，SB_3 上为自锁电路。SB_1 为停止按钮，SB_2，SB_3 分别为正反控制按钮。为防止接触器 KM_1 和 KM_2 同时接通，在它们各自的线圈电路中串联接入对方的常闭触点，在电气上保证 KM$_1$ 和 KM$_2$ 不能同时得电，接触器 KM$_1$ 和 KM$_2$ 的这种关系称为电气互锁。为安全起见，常采用按钮联锁（机械）与接触器联锁（电气）的双重联锁正反转控制线路；使用了按钮联锁，即使同时按下正反转按钮，调相用的两接触器也不可能同时得电，机械上避免了相间短路。另外，由于应用的接触器联锁，所以只要其中一个接触器得电，其长闭触点就不会闭合，这样在机械、电气双重联锁的应用下，电机的供电系统不可能相间短路，有效地保护了电机，同时也避免在调相时相间短路造成事故，烧坏接触器。

5. 故障分析与处理

电路安装好后，用万用表二极管挡检测每个元器件对应连接点间是否导通，从而判定导线连接是否正常。连接电动机前，用万用表测量 L$_1$、L$_2$、L$_3$，看两两之间是否为开路；如出现短路情况必须彻查电路，防止通电后的相间短路。如电路出现点动现象需检查自锁电路。如启动按钮按下后，接触器正常吸合而电动机不转，需检查电机三相接入线是否连接正常。

9.4　C6140 型车床电气控制线路

1. 电气原理图

C6140 型车床电气控制线路电气原理图如图 9 - 4 所示。

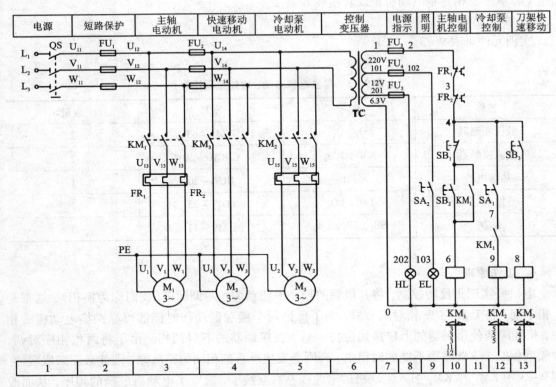

图 9 - 4　C6140 型车床电气控制图

2. 实训目的

（1）了解 C6140 型车床电路结构和电气控制原理。

（2）读懂 C6140 型车床电气图。

3. 实训元件

实训元件见表 9 – 4。

表 9 – 4 C6140 型车床电气控制元件表

名称	符号	规格	数量
熔断器	$FU_1 \sim FU_5$	JR16 – 20 – 3	5
低压断路器	QS	DZ47 – 63	1
热继电器	FR	JR36 – 20	1
切换开关	SA_1，SA_2	LW5	2
按钮	SB_1，SB_2，SB_3	LA19 – 11	3
接触器	KM_1，KM_2，KM_3	CDC10 – 10	3
指示灯	HL，EL	LA19 – 11	2

4. 工作原理

该机床主电路有 3 台控制电机。主电机 M_1，完成主轴主运动和刀具的纵横向进给运动的驱动。该电动机为不能调速的笼型感应电动机，主轴采用机械变速，正反向运动采用机械换向机构。M_2 冷却泵电动机，加工时提供冷却液，以防止刀具和工件的温升过高。电动机 M_3 为刀架快速移动电动机，可根据使用需要随时手动控制启动或停止。电动机均采用全压直接启动，皆为接触器控制的单向运行控制电路。

三相交流电源通过低压断路器 QS 引入，接触器 KM_1 的主触头控制 M_1 的启动和停止。接触器 KM_2 的主触头控制 M_2 的启动和停止。接触器 KM_3 的主触头控制 M_3 的启动和停止。控制电路的电源为变压器 TC 次级输出 220 V 电压。电动机 M_1 的控制由启动按钮 SB_1，停止按钮 SB_2 和接触器 KM_1 构成电动机单向连续运转启动停止电路，按下 SB_1 线圈通电并自锁 M_1 单向全压启动，通过摩擦离合器及传动机构拖动主轴正转或反转，以及刀架的直线进给。停止时按下 SB_2，KM_1 断电 M_1 自动停车。冷却泵电动机 M_2 的控制由 KM_2 电路实现。电动机启动之后，KM_1 辅助触点（9 – 11）闭合，此时合上开关 SA_1，KM_2 线圈通电 M_2 全压启动。停止时，断开 SA_1 或使主轴电动机 M_1 停止，则 KM_2 断电，使 M_2 自由停车。快速移动电动机 M_3 的控制由按钮 SB_3 来控制接触器 KM_3，进而实现 M_3 的点动。操作时，先将快、慢速进给手柄扳到所需移动方向，即可接通相关的传动机构，再按下 SB_3，即可实现该方向的快速移动。

保护环节中 M_1、M_2 为连续运动的电动机，分别利用热继电器 FR_1、FR_2 作过载保护；M_3 为短时工作电动机，因此未设过载保护。熔断器 $FU_1 \sim FU_2$ 分别对主电路、控制电路和辅助电路实行短路保护。电路电源开关是带有开关锁 SA_2 的断路器 QS。机床接通电源时需用钥匙开关操作，再合上 QS 增加安全性。当需合上电源时，先用开关钥匙插入 SA_2 开关锁中并右旋，使 QS 线圈断电，再扳动断路器 QS 将其合上，机床电源接通。若将开关锁 SA$_2$ 左旋，则触头 SA$_2$(03 - 13)闭合，QS 线圈通电，断路器跳开，机床断电。打开机床控制配电盘壁龛门，自动切除机床电源的保护，在配电盘壁龛门上装有安全行程开关 SQ。当打开配电盘壁龛门时，安全开关的触头 SQ$_2$(3 - 13)闭合，使断路器线圈通电而自动跳闸，断开电源，确保人身安全。机床床头皮带罩处设有安全开关 SQ$_1$，当打开皮带罩时，安全开关触头 SQ$_1$(03 - 1)断开，将接触器 KM$_1$、KM$_2$、KM$_3$ 线圈电路切断，电动机将全部停止旋转，确保了人身安金。断路器 QS 实现电路的过流、欠电压保护；熔断器 FU$_1$ ~ FU$_6$ 实现各部分电路的短路保护。EL 为机床照明，HL 为信号灯。

5. 操作注意要求

在指导教师指导下操作，安全第一。设备通电后，严禁在电器侧随意扳动电器件。进行排故训练，尽量采用不带电检修。若带电检修，则必须有指导教师在现场监护。必须安装好各电机、支架接地线、设备下方垫好绝缘橡胶垫，厚度不小于 8 mm，操作前要仔细查看各接线端，有无松动或脱落，以免通电后发生意外或损坏电器。在操作中若发出不正常声响，应立即断电，查明故障原因待修。故障产生主要来自电机缺相运行，接触器、继电器吸合不正常等。发现熔芯熔断，应找出故障后方可更换同规格熔芯。在维修设置故障中不要随便互换线端处号码行。操作时用力不要过大，速度不宜过快；操作频率不宜过于频繁。实习结束后，应拔出电源插头，将各开关断开。

9.5 星—三角形降压启动控制电路

1. 电路图

星—三角形降压启动控制电路电路图如图 9 - 5 所示。

2. 实训目的

(1)掌握星—三角形降压启动电气控制原理。

(2)进一步了解继电器接触器控制线路构成的基本情况，掌握读图方法。

3. 实训元件

实训元件见表 9 - 5。

表 9 - 5

名称	符号	规格	数量
熔断器	FU$_1$，FU$_2$	JR16 - 20 - 3	2
低压断路器	QS	DZ47 - 63	1
热继电器	FR	JR36 - 20	1
按钮	SB$_1$，SB$_2$	LA19 - 11	2
接触器	KM$_1$，KM$_2$，KM$_3$	CDC10 - 10	3
时间继电器	KT	JS7 - 2A	1

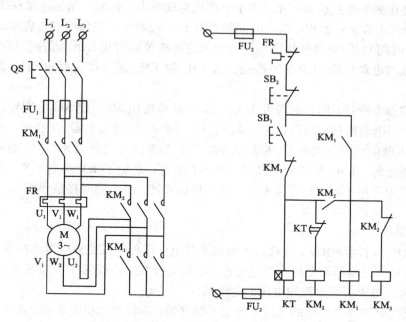

图 9 – 5　星—三角形降压启动控制电路

4. 工作原理

　　目前，我国三相异步电动机功率在 3 kW 以下的一般用星型接法，4 kW 及以上时，均采用三角形接法，以利广泛采用星—三角形降压启动。启动时将定子绕组接成星形，加在电动机上的电压为线路电压的 $1/\sqrt{3}$，为降压启动。星形连接经一段时间延时后，当转速上升到接近额定转速时，再将绕组换成三角形，接入全电压。星形和三角形接法如图 9 – 6 所示。

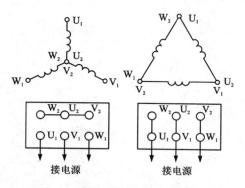

图 9 – 6　电机的星形与三角形连接

　　启动按钮 SB_1 手动按钮开关，可控制电动机的启动运行。停止按钮 SB_2 手动按钮开关，可控制电动机的停止运行。主交流接触器 KM_1 电动机主运行回路用接触器，启动时通过电动机启动电流，运行时通过正常运行的线电流。星形连接的交流接触器 KM_2，用于电动机启动时作星形连接的交流接触器，启动时通过星形连接降压启动的线电流，启动结束后停止工

153

作。三角形连接的交流接触器 KM₃，用于电动机启动结束后恢复三角形连接作正常运行的接触器，通过绕组正常运行的相电流。时间继电器 KT，控制星—三角形变换启动的启动过程时间（电机启动时间），即电动机从启动开始到额定转速及运行正常后所需的时间。当 KM₁ 与 KM₂ 同时接通时电动机绕组为星形接法，当 KM₁ 与 KM₃ 同时接通时电动机绕组为三角形接法。

电路原理如下所述：闭合电源开关 QS，按下启动按钮 SB₁，使 KM₁、KM₂ 线圈得电，且 KM₁ 自锁，这时电动机接成星形，进行降压启动。同时，时间继电器 KT 得电，经设定值长短的延时后，KT 常闭延时触点断开，KM₂ 失电。KM₂ 的常闭触点接通 KM₃，电动机绕组就接成了三角形全压运行。KM₂ 常开触点断开，使 KT 断电，避免了 KT 长期工作。电路中 KM₂、KM₃ 线圈电路中互串了对方的常闭触点，从而形成互锁，防止同时接成星形和三角形造成电源短路。

5. 注意事项

（1）电动机、时间继电器、接线端子板的不带电金属外壳或底板应可靠接地。

（2）进行星—三角形启动控制的电动机，必须是有 6 个出线端子且定子绕组在三角形接法时的额定电压等于三相电源线电压的电动机。

（3）接线时要注意电动机的三角形接法不能接错，应将电动机定子绕组的 U₁、V₁、W₁ 通过 KM₂ 接触器分别与 W₂、U₂、V₂ 连接，否则，会使电动机在三角形接法时造成三相绕组各接同一相电源或其中一相绕组接入同一相电源而无法工作等故障。

（4）KM₃ 接触器的进线必须从三相绕组的末端引入，若误将首端引入，则在 KM₃ 接触器吸合时，会产生三相电源短路事故。

（5）通电校验前要检查一下熔体规格及各整定值是否符合原理图的要求。

（6）接电前必须经教师检查无误后，才能通电操作。

（7）实验中一定要注意安全操作。

附　录

附录 A　电气工程图纸字母代码表

电气工程图纸字母代码表见表 A.1。

表 A.1　电气工程图纸字母代码表

字母代码	项目种类	举例
A	组件、部件	分立元件放大器、磁放大器、印制电路板等
B	变换器（从非电量到电量或相反）	送话器、给音器、扬声器、耳机、磁头等
C	电容器	可变以电容器、微调电容器、极性电容器等
D	二进制逻辑单元，延迟器件，存器储件	数字集成电路和器件、双稳态元件、单稳态元件、寄存器等
E	杂项、其他元件	光器件、热器件等
F	保护器件	熔断器、避雷器等
G	电源、发动机、信号源	电池、电源设备、振荡器、石英晶体振荡器等
H	信号器件	光指示器、声指示器等
K	继电器、接触器	
L	电感器、电抗器	感应线器、线路陷波器、电抗器等
M	电动机	
N	模拟集成电路	运算放大器、模拟/数字混合器件等
P	测量设备、试验设备	指示、记录、积算、信号发生器、时钟等
Q	电力电路的开关	断路器、隔离开关等
R	电阻器	可变电阻器、电位器、变阻器、分流器、热敏电阻等
S	控制电路的开关选择器	控制开关、按钮、隔制开关、选择开关、选择器等
T	变压器	电压、电流互感器等
U	调制器、变换器	鉴频器、解调器、变频器、编码器等
V	电真空器件 半导体器件	电子管、晶体管、二极管、显像管等
W	传输通道 波导、天线	导线、电缆、波导、偶极天线、拉杆天线等
X	端子、插头、插座	插头和插座、测试塞孔、端子板、焊接端子片、连接片等
Y	电气操作的机械装置	制动器、离全器、气阀等
Z	滤波器、均衡器、限幅器	晶体滤波器、陶瓷滤波器、网络等

附录B　电气工程图常用图形、文字符号新旧对照表

电气工程图常用图形、文字符号新旧对照表见表B.1。

表B.1　电气工程图常用图形、文字符号新旧对照表

名称	GB 312—75 图形符号	GB 1203—75 文字符号	GB 4728—85 图形符号	GB 7159—87 文字符号
直流电	—		—	
交流电	～		～	
交直流电	≂		≂	
正、负极	+ −		+ −	
三角形连接的三相绕组	△		△	
星形连接的三相绕组	Y		Y	
导线	———		———	
三根导线	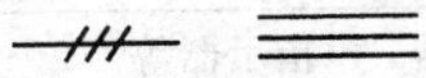		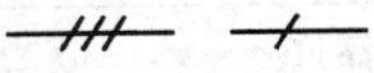	
导线连接	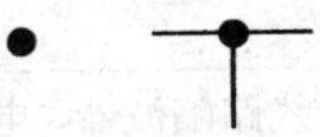		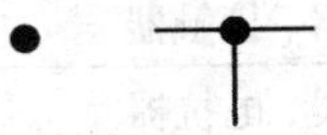	
端子	○		○	
可拆卸的端子	⌀		⌀	
端子板	1 2 3 4 5 6 7 H	IX	1 2 3 4 5 6 7 H	XT
接地	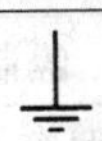		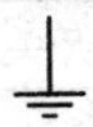	E
插座	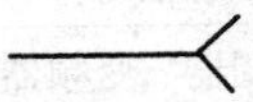	CZ	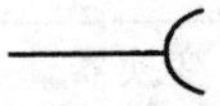	XS
插头	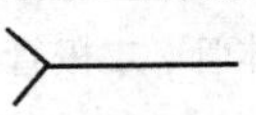	CT	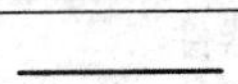	XP
滑动(滚动)连接器	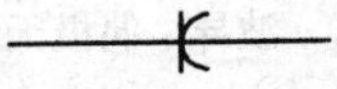		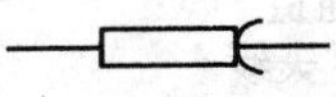	E
电阻器一般符号	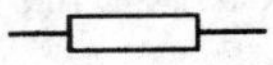	R	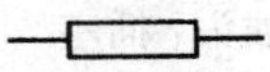	R
可变(可调)电阻器	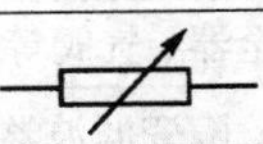	R	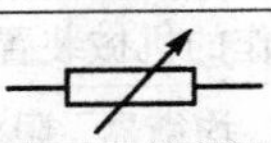	R

名称	GB 312—75 图形符号	GB 1203—75 文字符号	GB 4728—85 图形符号	GB 7159—87 文字符号
滑动触点电位器		W		RP
电容器一般符号		C		C
极性电容器		C		C
电感器、线圈、绕组、扼流圈		L		L
带铁芯的电感器		L		L
电抗器		K		L
可调压的单相自耦变压器		ZOB		T
有铁芯的双绕组变压器		B		T
三相自耦变压器星形连接		ZOB		T
电流互感器		LH		TA
电机放大机		JF		AG
按钮开关动断触点（停止按钮）		TA		SB
位置开关动合触点		XK		SQ
位置开关动断触点		XK		SQ

名称	GB 312—75 图形符号	GB 1203—75 文字符号	GB 4728—85 图形符号	GB 7159—87 文字符号
熔断器		RD		FU
接触器动合主触点（带灭弧装置）		C		KM
接触器动合辅助触点				
接触器动断主触点		C		KM
接触器动断辅助触点				
继电器动合触点（带灭弧装置）		J		KA
继电器动断触点		J		KA
热继电器动合触点		JR		FR
操作器件一般符号，接触器线圈		C		KM
缓慢释放继电器的线圈		SJ		KT
缓慢吸合继电器的线圈		SJ		KT
热继电器的驱动器件		JR		FR
电磁离合器		CH		YC

名称	GB 312—75 图形符号	GB 1203—75 文字符号	GB 4728—85 图形符号	GB 7159—87 文字符号
电磁阀		YD		YV
电磁制动器		ZC		YB
电磁铁		DT		YA
照明灯一般符号		ZD		EL
指示灯、信号灯 一般符号		ZSD、XD		HL
电铃		DL		HA
电喇叭		LB		HA
热继电器 动断触点		JR		FR
延时闭合的动合触点		SJ		KT
延时断开的动合触点		SJ		KT
延时闭合的动断触点		SJ		KT
延时断开的动断触点		SJ		KT
接近开关动合触点		XK		SQ

159

名称	GB 312—75 图形符号	GB 1203—75 文字符号	GB 4728—85 图形符号	GB 7159—87 文字符号
接近开关动断触点		XK		SQ
气压式液压继电器 动合触点		YJ		SP
气压式液压继电器 动断触点		YJ		SP
速度继电器动合触点		SDJ		KV
速度继电器动断触点		SDJ		KV
串励直流动机		ZD		M
并励直流动机		ZD		M
他励直流电动机		ZD		M
三相鼠笼型 异步电动机		JD		M3 ～
三相绕线型 异步电动机		JD		M3 ～
永磁式直流 测速发电机		SF		BR
普通刀开关		K		Q

160

续表 B.1

名称	GB 312—75 图形符号	GB 1203—75 文字符号	GB 4728—85 图形符号	GB 7159—87 文字符号
普通三相刀开关		K		Q
按钮开关动合触点（启动按钮）		QA		SB
蜂鸣器		FM		HA
电警笛、报警器		JD		HA
普通二极管		D		VD
普通晶闸管		T、SCR、KP		VT
稳压二极管		DW、CW		V
PNP 三极管		BG		V
NPN 三极管		BG		V
单结晶体管		BT		V
运算放大器		BG		N

附录 C 常用 TTL(74 系列)集成芯片型号及引脚排列图

常用 TTL(74 系列)集成芯片型号及引脚排列图见图 C.1。

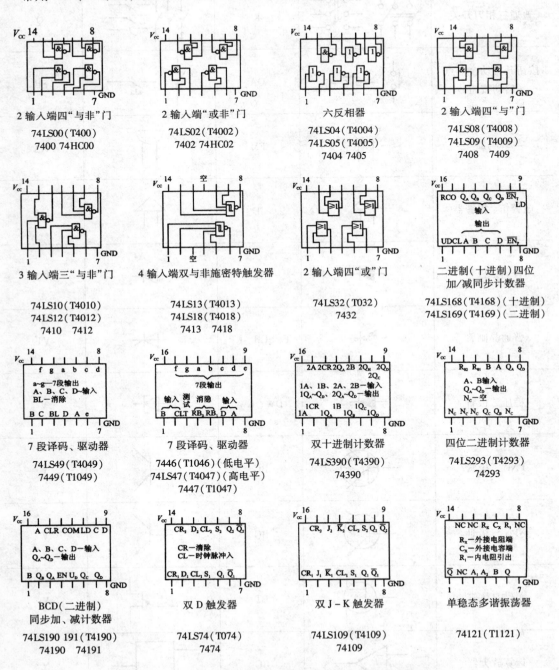

图 C.1 常用 TTL(74 系列)集成芯片型号及引脚排列图

参考文献

[1] 陈世和. 电工电子实训教程[M]. 北京：北京航空航天大学出版社，2011.

[2] 徐伟伟. 电工与电子技术[M]. 武汉：武汉大学出版社，2011.

[3] 门宏. 图解电工技术快速入门[M]. 北京：人民邮电出版社，2010.

[4] 肖顺梅. 电工电子实习教程[M]. 南京：东南大学出版，2010.

[5] 王平. 看图学电子元器件识别与检测快速入门[M]. 南京：江苏科学技术出版社，2010.

[6] 肖俊武. 电工电子实训[M]. 北京：电子工业出版社，2009.

[7] 胡斌. 图表细说元器件及实用电路[M]. 北京：电子工业出版社，2008.

[8] 周润景，张丽娜. Protel 99 SE 原理图与印制电路板设计[M]. 北京：电子工业出版社，2008.

[9] 黄智伟. 全国大学生电子设计竞赛制作实训[M]. 北京：北京航空航天大学出版社，2007.

[10] 张华林. 电子设计竞赛实训教程[M]. 北京：北京航空航天大学出版社，2007.

[11] 孙蓓，张志义. 电子工艺实训基础[M]. 北京：化学工业出版社，2007.

[12] 及力. Protel 99 SE 原理图与 PCB 设计教程(第 2 版)[M]. 北京：电子工业出版社，2007.

[13] 黄盛兰. 电工电子技术实训教程[M]. 北京：北京邮电大学出版社，2007.

[14] 余国兴. 现代电子装联工艺基础[M]. 西安：西安电子科技大学出版社，2007.

[15] 刘国林. 电工技术教程与实训[M]. 北京：清华大学出版社，2006.

[16] 谭克清. 电子技能实训[M]. 北京：人民邮电出版社，2006.

[17] 张文明. 电气设备安装工实际操作手册[M]. 辽宁：辽宁科学技术出版社，2006.

[18] 黄冬梅. 电工电子实训[M]. 北京：中国轻工业出版社，2006.

[19] 唐伟. 电工电子实习[M]. 长春：吉林科学技术出版社，2006.

[20] 董儒胥. 电工电子实用技术实训教程[M]. 上海：上海交通大学出版社，2005.

[21] 杨亚平. 电工技能与实训[M]. 北京：电子工业出版社，2005.

[22] 李义府. 电工电子实习教程[M]. 长沙：中南大学出版社，2002.

图书在版编目(CIP)数据

电工电子实习教程/王湘江,唐如龙主编.
—长沙:中南大学出版社,2014.7
ISBN 978 - 7 - 5487 - 1138 - 4

Ⅰ.电… Ⅱ.①王…②唐… Ⅲ.①电工技术 - 实习 - 高等
学校 - 教材②电子技术 - 实习 - 高等学校 - 教材
Ⅳ.①TM - 45②TN - 45

中国版本图书馆 CIP 数据核字(2014)第 166421 号

电工电子实习教程

王湘江 唐如龙 　　　　主　编
张　迅　许　洋　张小志　副主编

□责任编辑　谭　平
□责任印制　易红卫
□出版发行　中南大学出版社
　　　　　　社址:长沙市麓山南路　　　邮编:410083
　　　　　　发行科电话:0731-88876770　传真:0731-88710482
□印　　装　长沙利君漾印刷厂

□开　　本　787×1092　1/16　□印张 11　□字数 267 千字
□版　　次　2014 年 8 月第 1 版　□2014 年 8 月第 1 次印刷
□书　　号　ISBN 978 - 7 - 5487 - 1138 - 4
□定　　价　28.00 元